COMPLÉMENT D'ALGÈBRE ÉLÉMENTAIRE

VARIATIONS DES FONCTIONS

DU PREMIER DEGRÉ, DU SECOND DEGRÉ, ET BICARRÉES

A L'USAGE DES CANDIDATS

au Baccalauréat, aux Écoles de Saint-Cyr, navale, et à l'Institut agronomique

PAR

H. FAJON

PROFESSEUR HONORAIRE AU LYCÉE DE CAHORS
ANCIEN PROFESSEUR DE MATHÉMATIQUES (COURS DE SAINT-CYR)

PARIS
BELIN FRÈRES, ÉDITEURS
52, RUE DE VAUGIRARD, 52

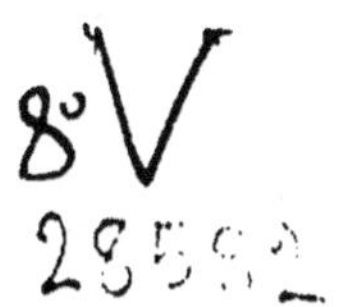

PRÉFACE

Ce Complément d'Algèbre est écrit pour les élèves des classes de Mathématiques élémentaires.

Nous nous sommes proposé de faire l'étude des variations des fonctions du premier degré, du second degré, et bicarrées, sans avoir recours à la théorie des Dérivées qui appartient à l'Algèbre supérieure et qui n'est plus exigée pour l'admission à l'Ecole de Saint-Cyr.

Les méthodes de l'Algèbre élémentaire permettent de traiter la question d'une manière complète et absolument rigoureuse.

L'étude particulière de chaque fonction est suivie de plusieurs applications; nous avons résolu un certain nombre de questions données aux examens d'admission au Baccalauréat et aux Écoles spéciales.

La théorie des variations des fonctions étant l'une des plus importantes de l'Algèbre élémentaire, et la plus délicate, nous l'avons exposée avec toute l'attention nécessaire pour que ce Complément d'Algèbre soit utile aux élèves et puisse rendre quelques services à l'enseignement.

H. Fajon.

VARIATIONS DES FONCTIONS

du premier degré, du second degré, et bicarrées

CHAPITRE PREMIER

Continuité.

1. Fonction d'une seule variable. Définition.

On appelle *intervalle* de deux nombres donnés m, n et l'on représente par (m, n) la suite croissante ou décroissante de tous les nombres compris entre m inclusivement et n inclusivement.

On dit qu'un nombre variable y est *fonction* d'un nombre variable x appelé *variable indépendante* ou simplement *variable*, si à chaque valeur attribuée à x correspond une valeur déterminée de y.

S'il en est ainsi pour toute valeur de x appartenant à un intervalle donné (m, n), on dit que y est une fonction de x *définie* dans cet intervalle.

$$y = 3x + \sqrt{4 - x^2}, \qquad y = 5x^2 - 2x + 1$$

sont deux fonctions de x définies, la première dans l'intervalle $(-2, +2)$ et la seconde dans l'intervalle $(-\infty, +\infty)$.

Une fonction de x est généralement désignée par l'une des notations $F(x)$, $f(x)$, $\varphi(x)$.....

Si dans une fonction de x on remplace x par le nombre a, on désigne le résultat de cette substitution en remplaçant x par a dans la notation de cette fonction. Par exemple : $F(x)$ et $f(x)$ deviennent $F(a)$ et $f(a)$.

2. Fonction continue. Définition.

Soit $f(x)$ une fonction de x définie dans un intervalle donné (m, n); donnons à la variable deux valeurs appartenant à cet intervalle, l'une déterminée x, l'autre $x+h$ variable avec h, les deux valeurs de la fonction qui correspondent à celles de la variable sont $f(x)$ et $f(x+h)$. Soit : $(k=f(x+h)-fx)$; h positif ou négatif est appelé l'*accroissement* de la variable lorsqu'elle passe de la valeur x à la valeur $x+h$, et k positif ou négatif est appelé l'*accroissement correspondant* de la fonction.

On dit qu'une fonction de x, définie dans un intervalle donné (m, n) est *continue pour une valeur a* de la variable x comprise entre m et n, si, à partir de a, l'accroissement de la variable tendant vers 0(1), l'accroissement correspondant de la fonction tend aussi vers 0, quel que soit le signe que l'on puisse donner à l'accroissement de la variable.

Il est évident que l'accroissement de la variable ne peut être que positif si $a=m$, et négatif si $a=n$, en supposant $m<n$.

Une fonction de x est dite *continue dans l'intervalle* (m, n), si elle est continue pour toutes les valeurs de x appartenant à cet intervalle.

3. Théorème. — *Une fonction rationnelle et entière d'une seule variable est continue pour toutes les valeurs attribuées à cette variable.*

On donne en Mathématiques spéciales la démonstration générale de ce théorème. Nous préférons le démontrer directement pour chacune des trois fonctions entières que nous aurons à étudier; les accroissements correspondants

(1) On dit qu'un nombre variable, positif ou négatif, tend vers 0, lorsque la valeur absolue de ce nombre peut devenir et rester plus petite que tout nombre donné aussi petit qu'on voudra.

de la variable et de la fonction seront toujours désignés par h et k.

1° *Binôme du premier degré* : $y = ax + b$.

On a :

$$k = a(x+h) + b - (ax+b) = ah.$$

Si h tend vers 0, k tend aussi vers 0; car, ε désignant un nombre positif donné aussi petit qu'on voudra, on aura $ah < \varepsilon$ en valeur absolue, en prenant $h < \frac{\varepsilon}{a}$.

2° *Trinôme du second degré* : $y = ax^2 + bx + c$.

On a, pour ce trinôme :

$$k = a(x+h)^2 + b(x+h) + c - (ax^2 + bx + c)$$
$$= (2ax + b + ah)h.$$

Puisque h tend vers 0, on peut supposer $ah < a$, en valeur absolue. Si donc m désigne la somme des valeurs absolues des nombres $2ax$, b, a, on aura :

$$2ax + b + ah < m$$

et, par conséquent, $k < mh$ en valeur absolue; h tendant vers 0, mh et *à fortiori* k tendent vers 0.

3° *Trinôme bicarré* : $y = ax^4 + bx^2 + c = az^2 + bz + c$, en posant $x^2 = z$.

Désignons par h, k et k' les accroissements simultanés de x, de z et de y. Si h tend vers 0, k tend aussi vers 0, puisque z est une fonction du second degré par rapport à x. Mais alors k tendant vers 0, k' tend vers 0, puisque y est une fonction du second degré par rapport à z.

4. Théorème. — *Le quotient de deux fonctions continues est une fonction continue pour toute valeur de la variable qui n'annule pas le dénominateur de cette fraction.*

Soit $\frac{a}{b}$ la valeur de la fraction y correspondante à une valeur x de la variable qui n'annule pas le dénominateur, h, α, β, k les accroissements correspondants de la variable, du numérateur, du dénominateur et de la fraction.

On a :

$$k = \frac{a+\alpha}{b+\beta} - \frac{a}{b} = \frac{b\alpha - a\beta}{(b+\beta)b}.$$

Soit k' la valeur absolue de k, m et n celles du numérateur et du dénominateur du second membre, on a : $k' = \frac{m}{n}$, et si l'on suppose que dans ce numérateur et ce dénominateur on mette les signes en évidence de manière que a, b, α, β soient des nombres positifs (1), on peut conclure que m n'est pas plus grand que $b\alpha + a\beta$ et que n n'est pas plus petit que $b^2 - b\beta$.

Si donc θ désigne un nombre positif aussi petit qu'on voudra, mais qui sera déterminé, on aura, puisque α et β tendent vers 0 :

$$b\alpha + a\beta < (b+a)\theta, \quad b^2 - b\beta > b^2 - b\theta,$$
$$m < (b+a)\theta, \quad n > b^2 - b\theta$$

et, par conséquent :

$$k' < \frac{(b+a)\theta}{b^2 - b\theta} \quad (1).$$

Soit ε un nombre positif *donné*, aussi petit qu'on voudra, on peut toujours donner à θ une valeur telle que l'on ait :

$$\frac{(b+a)\theta}{b^2 - b\theta} < \varepsilon \quad (2),$$

car on déduit de cette dernière inégalité successivement :

$$(b+a)\theta < b^2\varepsilon - b\varepsilon\theta, \quad \theta < \frac{b^2\varepsilon}{b+a+b\varepsilon} \quad (3).$$

---

(1) La fraction est alors comprise dans l'expression générale

$$\frac{\pm b\alpha \pm a\beta}{b^2 \pm b\beta}.$$

Donc en donnant à θ une valeur plus petite que $\frac{b^2\varepsilon}{b+a+b\varepsilon}$, ce qui est toujours possible puisque ε est donné, l'inégalité (2) sera satisfaite et l'on aura, *à fortiori :*

$$k' < \varepsilon.$$

Donc k tend vers 0, ce qu'il fallait démontrer.

Cette démonstration s'applique au cas où le numérateur de la fraction serait constant. On aurait alors : $k = \frac{-a\theta}{(b+\theta)b}$ et les inégalités (1) et (3) se réduiraient à

$$k' < \frac{a\theta}{b^2 - b\theta}, \quad \theta < \frac{b^2\varepsilon}{a+b\varepsilon}.$$

Exemples : 1° $y = \frac{3x+10}{5x-2}$. Le dénominateur s'annulant pour $x = \frac{2}{5}$, cette fraction est continue dans les deux intervalles

$$\left(-\infty, \ \frac{2}{5} - \varepsilon\right) \text{ et } \left(\frac{2}{5} + \varepsilon, \ +\infty\right),$$

ε étant un nombre positif aussi petit qu'on voudra.

2° $y = \frac{4x^2 + 3x - 1}{9x^2 - 4}$. Les racines du dénominateur étant $\frac{2}{3}$ et $-\frac{2}{3}$, la fraction est continue dans les trois intervalles

$$\left(-\infty, \ -\frac{2}{3} - \varepsilon\right), \ \left(-\frac{2}{3} + \varepsilon, \ \frac{2}{3} - \varepsilon\right), \ \left(\frac{2}{3} + \varepsilon, \ +\infty\right).$$

La première fraction est discontinue pour $x = \frac{2}{5}$ et la seconde pour $x = -\frac{2}{3}$ et $x = \frac{2}{3}$.

On peut admettre qu'*une fonction continue ne peut passer d'une valeur à une autre sans passer par toutes les valeurs intermédiaires.* Toutefois nous démontrons ce théorème, page 63.

CHAPITRE II

Variations des fonctions.

5. Sens de la variation. Définition.

Si a et $a+h$ sont deux valeurs successives d'un nombre variable, on dit que ce nombre, en passant de la première valeur à la seconde, devient *plus grand* ou *croît*, si h est un nombre positif. Il devient *plus petit* ou *décroît*, si h est un nombre négatif.

On dit que deux nombres varient *dans le même sens* si ces deux nombres croissent ensemble et décroissent ensemble. Ils varient *en sens contraire* si, l'un d'eux croissant, l'autre décroît.

Les deux nombres x et x^3 varient dans le même sens, x et $-x$ varient en sens contraire ; x et x^2 varient dans le même sens si x est positif, et en sens contraire si x est négatif.

Etant donnés les accroissements correspondants de deux nombres variables, on reconnaît que ces deux nombres varient dans le même sens ou en sens contraire, selon que les deux accroissements ont ou n'ont pas le même signe.

Une fonction est dite *croissante* ou *décroissante*, selon que cette fonction et la variable varient dans le même sens ou en sens contraire, parce qu'on suppose généralement la variable croissante.

Exemples : 1° Soit la fonction $y=f(x)+a$, a étant une constante.

La différence $y-f(x)$ étant constante, y et $f(x)$ varient dans le même sens et restent finies ensemble ou deviennent infinies ensemble.

2° Soit $y=af(x)$.

Si h, k et k' désignent les accroissements correspondants de x, de $f(x)$ et de y,

on a :

$$y + k' = a[f(x) + k];$$

d'où :

$$k' = ak.$$

k et k' ont même signe ou des signes contraires selon que a est positif ou négatif. Donc y et $f(x)$ varient dans le même sens si $a > 0$, et en sens contraire si $a < 0$.

3° Soit :

$$y = \frac{a}{f(x)} = a \times \frac{1}{f(x)}.$$

La fraction $\frac{1}{f(x)}$ ayant son numérateur constant et positif varie en sens contraire du dénominateur. Donc y et $f(x)$ varient dans le même sens ou en sens contraire, selon que a est négatif ou positif.

Nous supposons évidemment que $f(x)$ est continue et ne change pas de signe.

6. Définition du maximum et du minimum.

On dit que $f(x)$, continue dans un intervalle donné (m, n), devient *maximum* ou passe par un maximum $f(x_1)$ pour une valeur x_1 de la variable, comprise entre m et n, si l'on peut déterminer un nombre positif h assez petit pour que, x croissant de $x_1 - h$ à x_1 et de x_1 à $x_1 + h$, la fonction soit croissante dans le premier intervalle et décroissante dans le second.

Le maximum $f(x_1)$ est donc la plus grande de toutes les valeurs de $f(x)$ dans l'intervalle $(x_1 - h, x_1 + h)$.

En général, $f(x_1)$ sera un maximum si, h tendant vers 0, on a l'inégalité $f(x_1) - f(x_1 + h) > 0$, quel que soit le signe de h.

On dit de même que $f(x)$ passe par un *minimum* $f(x_2)$ pour $x = x_2$, si l'on peut déterminer un nombre positif h assez petit pour que, x croissant de $x_2 - h$ à x_2 et de x_2 à

$x_2 + h$, la fonction soit décroissante dans le premier intervalle et croissante dans le second.

Le minimum $f(x_2)$ est donc la plus petite de toutes les valeurs de $f(x)$ dans l'intervalle $(x_2 - h, x_2 + h)$.

En général, $f(x_2)$ sera un minimum si, h tendant vers 0, on a l'inégalité $f(x_2) - f(x_2 + h) < 0$, quel que soit le signe de h.

Une fonction paire de x (1), $f(x)$ devient maximum ou minimum pour $x = 0$. En effet, cette fonction prend deux valeurs égales pour deux valeurs de x égales et de signes contraires. Si donc h désigne un nombre positif assez petit pour que la fonction, dans l'intervalle $(0, h)$, varie dans le même sens et soit, par exemple, décroissante, cette fonction sera croissante dans l'intervalle $(-h, 0)$ et $f(0)$ sera maximum.

Nous supposons évidemment que $f(x)$ est continue dans un intervalle comprenant les trois nombres $-h$, 0 et h.

Démonstration analogue pour le cas du minimum.

Ainsi les deux fonctions

$$y = 3x^2 + 5 \text{ et } y = -8x^2 + \frac{2}{3}$$

ont, pour $x = 0$, la première un minimum égal à 5 et la seconde un maximum égal à $\frac{2}{3}$.

On peut remarquer que l'accroissement de la fonction s'annule en passant du positif au négatif, lorsque la fonction devient maximum, et du négatif au positif, lorsqu'elle devient minimum.

Binôme du premier degré.

7. Variations du binôme : $y = ax + b$.

Fonction continue dans l'intervalle $(-\infty, +\infty)$. Elle varie dans le même sens que ax (5, 1°) et dans le même sens que x si $a > 0$, en sens contraire si $a < 0$ (5, 2°).

(1) Une fonction rationnelle de x est dite paire lorsque tous les exposants de x sont pairs.

On a donc le tableau et le théorème suivants :

	x	$-\infty$	$-\frac{b}{a}$	$+\infty$
$a>0$	y	$-\infty$	0	$+\infty$
$a<0$	y	$+\infty$	0	$-\infty$

THÉORÈME. — *Le binôme du premier degré est une fonction croissante ou décroissante sans limites, selon que* a *est positif ou négatif.*

On démontre en géométrie analytique que la relation $y = ax + b$ est l'équation d'une ligne droite qui rencontre les deux axes coordonnés.

8. APPLICATIONS.

1° *Variations de* $y = -3x + 5$ *dans l'intervalle* $(-1, 3)$.

Fonction décroissante : $x = -1$ et $x = 3$ donnent respectivement $y = 8$, $y = -4$. Donc x croissant de -1 à 3, la fonction y décroît de 8 à -4.

2° *Variations de la somme des distances d'un point quelconque de la base d'un triangle donné aux deux autres côtés.*

M est un point quelconque de la base $BC = a$ d'un triangle donné ABC, $BM = x$; $MD = y$ et $ME = z$ sont perpendiculaires aux côtés AB, AC; $CG = h$, $BF = h'$ sont aussi perpendiculaires à ces mêmes côtés. On demande les variations de la somme arithmétique $y + z$.

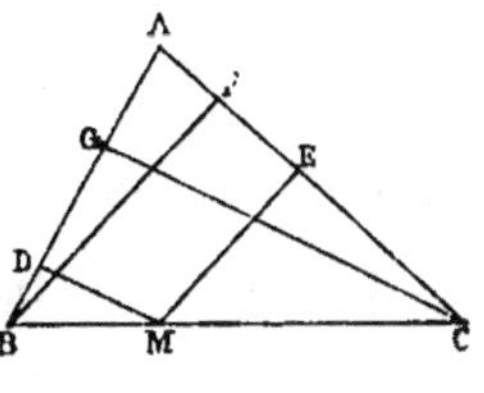

Cette somme est fonction de x; les deux triangles semblables MBD, CBG donnent :

$$\frac{y}{h} = \frac{x}{a}; \quad \text{d'où } y = \frac{hx}{a} \quad (1).$$

Les deux triangles semblables CME, CBF donnent aussi :

$$\frac{z}{h'} = \frac{a - x}{a}; \qquad \text{d'où } z = \frac{h'(a - x)}{a} \quad (2).$$

On a donc :

$$y + z = \frac{h - h'}{a} x + h' \quad (3),$$

binôme du premier degré, dont on demande les variations lorsque x croît de 0 à a. Si l'on fait successivement $x = 0$, $x = a$, on aura : $y + z = h'$, $y + z = h$. Donc x croissant de 0 à a, $y + z$ croît de h' à h ou décroît de h' à h, selon que h' est $< h$, ou $> h$.

Si $h' = h$, l'équation (3) donne $y + z = h = h'$, propriété connue du triangle isocèle.

On peut remarquer que, lorsque $y = z$, les relations (1) et (2) donnent :

$$\frac{x}{a - x} = \frac{h'}{h} = \frac{c}{b},$$

propriété de la bissectrice d'un angle d'un triangle.

Trinôme du second degré.

9. Variations du trinôme : $y = ax^2 + bx + c$.

Fonction continue dans l'intervalle $(-\infty, +\infty)$. Si on la met sous la forme

$$y = a\left(x + \frac{b}{2a}\right)^2 + \left(c - \frac{b^2}{4a}\right) \quad (1),$$

on voit de suite que y varie dans le même sens que $\left(x + \frac{b}{2a}\right)^2$ si $a > 0$, et en sens contraire si $a < 0$.

Or, $\left(x + \frac{b}{2a}\right)^2$ varie dans le même sens que $x + \frac{b}{2a}$ ou en sens contraire, (dans le même sens que x ou en sens contraire), selon que $x + \frac{b}{2a}$ est > 0 ou < 0, c'est-à-dire, selon qu'on a : $x > -\frac{b}{2a}$ ou $x < -\frac{b}{2a}$. En d'autres termes, $\left(x+\frac{b}{2a}\right)^2$ est une fonction décroissante dans l'intervalle $\left(-\infty, -\frac{b}{2a}\right)$ et croissante dans l'intervalle $\left(-\frac{b}{2a}, +\infty\right)$. Il en est de même de y si $a>0$, tandis que, si $a<0$, y croît dans le premier intervalle et décroît dans le second. D'ailleurs lorsque $x=\pm\infty$, on a : $y=+\infty$, si $a>0$, et $y=-\infty$ si $a<0$. On a donc le tableau et le théorème suivants :

	x	$-\infty$	$-\frac{b}{2a}$	$+\infty$
$a>0$	y	$+\infty$	$c-\frac{b^2}{4a}$ (Minimum)	$+\infty$
$a<0$	y	$-\infty$	$c-\frac{b^2}{4a}$ (Maximum)	$-\infty$

Théorème. — *Pour* $x=-\frac{b}{2a}$, *le trinôme du second degré passe par un maximum ou un minimum selon que* a *est négatif ou positif, et ce maximum ou ce minimum est égal à* $c-\frac{b^2}{4a}=\frac{4ac-b^2}{4a}$.

Remarques. — 1° Deux valeurs de x équidistantes de $-\frac{b}{2a}$ donnent à y deux valeurs égales ; car, si dans l'équation (1) on remplace x soit par $-\frac{b}{2a}+h$, soit par $-\frac{b}{2a}-h$, on trouve chaque fois le même résultat

$$y=ah^2+\left(c-\frac{b^2}{4a}\right).$$

2° En suivant les variations de y, on voit que cette fonction prend d'abord le signe de a; elle passe deux fois par 0, en changeant de signe chaque fois, si a

et $\frac{4ac-b^2}{4a}$ ont des signes contraires, c'est-à-dire, si l'on a : $a\left(\frac{4ac-b^2}{4a}\right)<0$; d'où $b^2-4ac>0$. La fonction y ne s'annule jamais et conserve le signe de a, si a et $\frac{4ac-b^2}{4a}$ ont le même signe, c'est-à-dire, si $b^2-4ac<0$. Elle passe une seule fois par 0 qui est alors son maximum ou son minimum, et elle ne change pas de signe, si $b^2-4ac=0$. On retrouve ainsi les théorèmes sur la nature des racines du trinôme du deuxième degré et sur le signe de ce trinôme.

10. Théorème. — *La courbe représentée par le trinôme* $y=ax^2+bx+c$ *est une parabole dont le paramètre est* $\frac{1}{2a}$; *l'axe est la droite* $x=-\frac{b}{2a}$ *parallèle à l'axe des* y, *et le sommet a pour coordonnées* $x=-\frac{b}{2a}$, $y=c-\frac{b^2}{4a}$.

Soit, par exemple, $a>0$, $c-\frac{b^2}{4a}<0$, $-\frac{b}{2a}>0$. Traçons deux axes rectangulaires Ox, Oy; sur Ox prenons $OA=-\frac{b}{2a}$, et, dans le sens négatif, élevons $AB=\frac{b^2}{4a}-c$ perpendiculaire à Ox, $\frac{b^2}{4a}-c$ étant la valeur absolue de $c-\frac{b^2}{4a}$ dans le cas actuel.

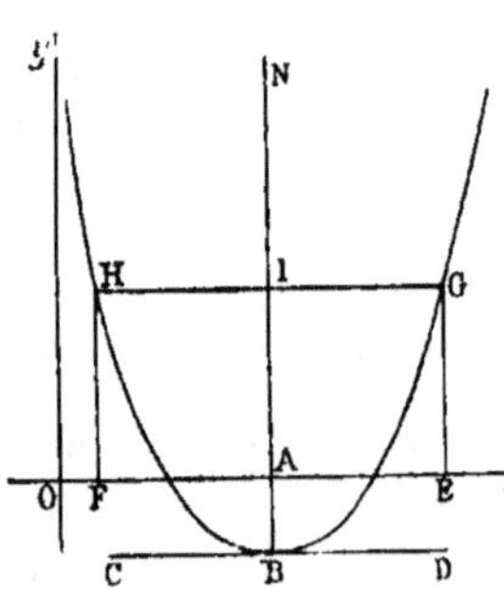

B étant le point de la courbe dont l'ordonnée est minimum, cette courbe est tout entière au-dessus de la droite CBD parallèle à Ox, et s'éloigne indéfiniment de cette droite.

Soit $AE=AF=h$; aux deux abscisses $OE=-\frac{b}{2a}+h$, $OF=-\frac{b}{2a}-h$ correspondent deux ordonnées EG, FH égales à $ah^2 + \left(c - \frac{b^2}{4a}\right)$. La courbe est donc symétrique par rapport à la droite BN, et cette courbe sera une parabole ayant BN pour axe et B pour sommet si l'on a : $\frac{\overline{GI}^2}{BI} = \text{constante}$.

Or : $GI = h$, $BI = GE + AB$

$$= ah^2 + \left(c - \frac{b^2}{4a}\right) + \left(\frac{b^2}{4a} - c\right) = ah^2.$$

Donc : $\frac{\overline{GI}^2}{BI} = \frac{h^2}{ah^2} = \frac{1}{a}$, et le théorème est démontré.

La parabole représentée par le trinôme du second degré peut avoir six positions différentes par rapport à l'axe des x. 1° Elle s'étend indéfiniment au-dessus ou au-dessous de cet axe selon que $a > 0$ ou $a < 0$; 2° Elle a deux points communs avec cet axe, un seul point commun ou n'en a aucun, selon qu'on a : $b^2 - 4ac > 0$, $b^2 - 4ac = 0$, $b^2 - 4ac < 0$.

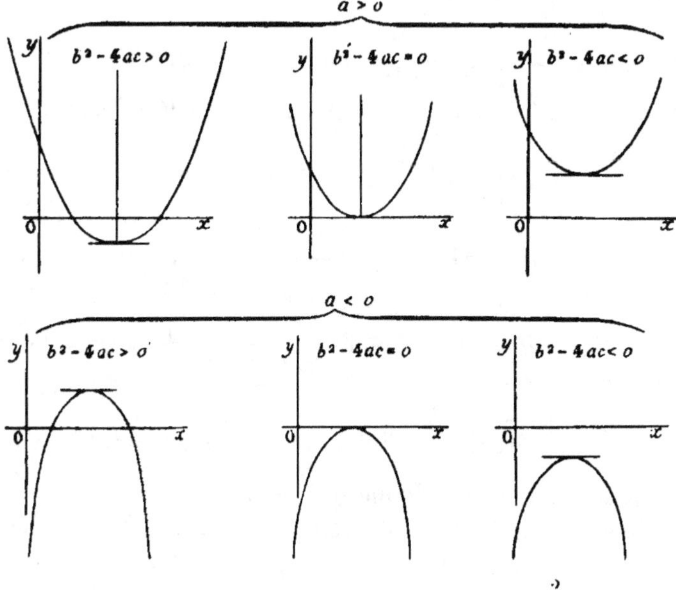

11. Cas où la variable est limitée.

On cherche la place de $-\frac{b}{2a}$ par rapport aux deux limites données. Si $-\frac{b}{2a}$ est compris entre ces deux limites, la fonction passe par le maximum ou le minimum $c-\frac{b^2}{4a}$, selon que a est négatif ou positif. Si $-\frac{b}{2a}$ précède ou suit les deux limites de la variable, la fonction est toujours croissante ou toujours décroissante entre ses deux limites correspondantes à celles de la variable.

12. Applications.

I. *Variations du trinôme* $y = 4x^2 - 3x - 1$ *dans l'intervalle* $(-2, 3)$.

$-\frac{b}{2a} = \frac{3}{8}$ étant compris entre -2 et 3, y passe par son minimum $c - \frac{b^2}{4a} = -\frac{25}{16}$. Pour $x = -2$, on a $y = 21$, et pour $x = 3$, on a $y = 26$. Donc on aura le tableau :

x	-2	$\frac{3}{8}$	3
y	21	$-\frac{25}{16}$ (Minimum)	26

II. *Variations du trinôme* $y = -3x^2 + 5x - 2$ *dans l'intervalle* $(2, 5)$.

$-\frac{b}{2a} = \frac{5}{6}$ précédant l'intervalle donné, y décroît dans cet intervalle. $x = 2$ donne $y = -12$, et pour $x = 5$, on a : $y = -77$. Donc y décroît de -12 à -77, pendant que x croît de 2 à 5.

III. *Variations du trinôme* $y = a^2 \sin^2 x - b^2 \sin x + c^2$.

Les limites de $\sin x$ étant -1 et $+1$, et $\frac{b^2}{2a^2}$ étant positif, il y a trois cas :

1° $\frac{b^2}{2a^2} < 1$, $b^2 < 2a^2$. y passe par son minimum $c^2 - \frac{b^4}{4a^2}$ et l'on a le tableau :

$\sin x$	-1	$\frac{b^2}{2a^2}$	1
y	$a^2 + b^2 + c^2$	$c^2 - \frac{b^4}{4a^2}$ (Minimum)	$a^2 - b^2 + c^2$

2° $\frac{b^2}{2a^2} = 1$, $b^2 = 2a^2$. y décroît de $a^2 + b^2 + c^2$ à son minimum $c^2 - a^2$.

3° $\frac{b^2}{2a^2} > 1$, $b^2 > 2a^2$. La fonction y décroît de $a^2 + b^2 + c^2$ à $a^2 - b^2 + c^2$ et n'atteint pas son minimum $c^2 - \frac{b^4}{2a^2}$.

IV. *Etant donné un axe* XY, *un point* O *et une droite* AB *mobile autour du point* O, *on abaisse des points* A *et* B AM *et* BN *perpendiculaires sur* XY. *Etudier les variations de la somme* $\overline{AM}^2 + \overline{BN}^2$ *lorsque la droite* AB *tourne autour du point* O. $OC = OB = a$, $OA = \frac{a}{2}$.

(Baccalauréat ès sciences. — Marseille, 1889.)

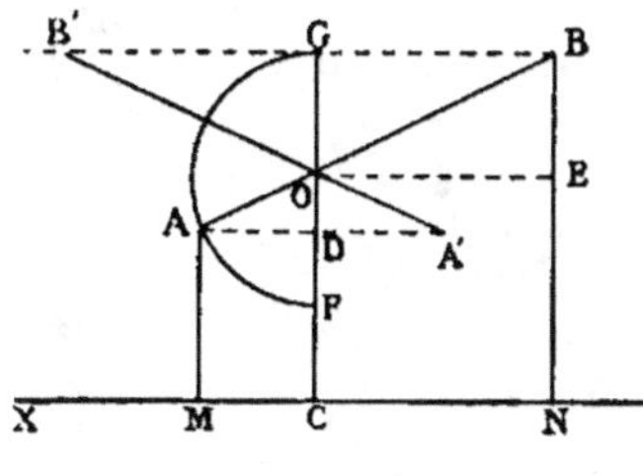

Menons AD, OE parallèles à XY. Soit $AM = x$; $OD = a - x$, $BE = 2a - 2x$, $BN = NE + BE = 3a - 2x$. On a donc :

$$\overline{AM}^2 + \overline{BN}^2 = x^2 + (3a - 2x)^2 = 5x^2 - 12ax + 9a^2 \quad (1).$$

Remarquons que si A'B' est symétrique de AB par rapport à OC, la somme $\overline{AM}^2 + \overline{BM}^2$ aura la même valeur dans les deux positions A'B' et AB de la droite mobile. Donc il suffit d'étudier les variations de cette somme pendant que le point A décrit la demi-circonférence FAG. En d'autres termes, il faut trouver les variations du trinôme (1) dans l'intervalle $\left(\frac{a}{2}, \frac{3}{2}a\right)$.

Ce trinôme étant minimum pour $x = \frac{6}{5}a$, valeur comprise dans cet intervalle, passera par ce minimum, et les variations cherchées seront indiquées dans le tableau suivant :

x	$\frac{a}{2}$	a	$\frac{6}{5}a$	$\frac{3}{2}a$
y	$\frac{17}{4}a^2$	$2a^2$	$\frac{9}{5}a^2$ (Minimum)	$\frac{9}{4}a^2$

V. *Variations de la fonction* $y = (ax^2 + bx + c)^2$.

On a $y = a^2(x^2 + px + q)^2$ en posant $\frac{b}{a} = p$, $\frac{c}{a} = q$. Cette fonction varie dans le même sens que $(x^2 + px + q)^2$, dans le même sens que le trinôme $x^2 + px + q$, si ce trinôme est positif, et en sens contraire, s'il est négatif. Distinguons deux cas :

1° Lorsque $b^2 - 4ac < 0$, ce trinôme n'est jamais négatif. Il décroît dans l'intervalle $\left(-\infty, -\frac{b}{2a}\right)$ et croît dans l'intervalle $\left(-\frac{b}{2a}, +\infty\right)$; il en est de même de y. Donc, pour $x = -\frac{b}{2a}$, y passe par un minimum égal à $\left(c - \frac{b^2}{4a}\right)^2$.

TABLEAU DES VARIATIONS.

x	$-\infty$	$-\frac{b}{2a}$	$+\infty$
y	$+\infty$	$\left(c - \frac{b^2}{4a}\right)^2$ (Minimum)	$+\infty$

2° Lorsque $b^2 - 4ac > 0$, soit $x' < x''$ les deux racines réelles du trinôme $x^2 + px + q$. Ce trinôme est positif et décroît dans l'intervalle $(-\infty, x')$, devient négatif et décroît encore dans l'intervalle $\left(x', -\frac{b}{2a}\right)$, reste négatif et croît dans l'intervalle $\left(-\frac{b}{2a}, x''\right)$, redevient positif et continue à croître dans l'intervalle $(x'', +\infty)$. Donc la fonction y est décroissante dans le premier intervalle, croissante dans le second, décroissante dans le troisième, et croissante dans le quatrième. Elle devient donc successivement minimum, maximum et minimum pour $x = x'$, $x = -\frac{b}{2a}$, $x = x''$.

TABLEAU DES VARIATIONS.

x	$-\infty$	x'	$-\frac{b}{2a}$	x''	$+\infty$
y	$+\infty$	0 (Minimum)	$\left(c - \frac{b^2}{4a}\right)^2$ (Maximum)	0 (Minimum)	$+\infty$

La courbe de la fonction y est symétrique par rapport à la droite $x = \frac{b}{2a}$ parallèle à l'axe des y.

Trinôme bicarré.

13. VARIATIONS DU TRINÔME BICARRÉ $y = ax^4 + bx^2 + c$. Fonction continue dans l'intervalle $(-\infty, +\infty)$. Elle est paire ; donc : 1° elle passe par un maximum ou un minimum égal à c lorsque $x = 0$; 2° toute valeur de y ne dépendant que de la valeur absolue de x, la marche des variations de y est la même dans les deux intervalles $(0, -\infty)$, $(0, +\infty)$, et il suffit de trouver ces variations dans l'un de ces deux intervalles, le second par exemple.

Soit $x^2 = z$, le trinôme devient $y = az^2 + bz + c$. x croissant de 0 à $+\infty$, il en est de même de z. Il s'agit donc de trouver les variations du trinôme du second degré $az^2 + bz + c$ lorsque z croît de 0 à $+\infty$.

Si a et b ont le même signe, $-\frac{b}{2a}$ étant négatif précède l'intervalle $(0, +\infty)$; donc, dans cet intervalle, la fonction y croît de c à $+\infty$, ou décroît de c à $-\infty$, selon que a est positif ou négatif, et c est le seul minimum ou maximum.

Si $b = 0$, on a $-\frac{b}{2a} = 0$ et le résultat est le même.

Si a et b ont des signes contraires, $-\frac{b}{2a}$ étant positif fait partie de l'intervalle $(0, +\infty)$. Donc pour $z = -\frac{b}{2a}$, y passe par la valeur $c - \frac{b^2}{4a}$, maximum ou minimum, selon que a est négatif ou positif.

On a donc, pour les variations de y, les deux tableaux et le théorème suivants :

Premier cas : $-\frac{b}{2a} < 0$.

	x	$-\infty$	0	$+\infty$
$a > 0$	y	$+\infty$	c (Minimum)	$+\infty$
$a < 0$	y	$-\infty$	c (Maximum)	$-\infty$

Second cas : $-\frac{b}{2a} > 0$.

	x	$-\infty$	$-\sqrt{-\frac{b}{2a}}$	0	$\sqrt{-\frac{b}{2a}}$	$+\infty$
$a > 0$	y	$+\infty$	$c - \frac{b^2}{4a}$ (Minimum)	c (Maximum)	$c - \frac{b^2}{4a}$ (Minimum)	$+\infty$
$a < 0$	y	$-\infty$	$c - \frac{b^2}{4a}$ (Maximum)	c (Minimum)	$c - \frac{b^2}{4a}$ (Maximum)	$-\infty$

Théorème. — *Le trinôme bicarré passe toujours par un maximum ou un minimum* égal *à* c *pour* $x = 0$. *Il n'en a pas d'autres, si* a *et* b *ont même signe ou si* $b = 0$. *Mais si* a *et* b *ont des signes contraires, ce trinôme passe deux fois par un maximum ou deux fois par un minimum, pour* $x = \mp \sqrt{-\frac{b}{2a}}$, *et ce maximum ou ce minimum est égal à* $c - \frac{b^2}{4a}$.

Remarques. — 1° Si, a et b ayant le même signe, c a un signe contraire, le trinôme y passe deux fois par 0 pour deux valeurs de x égales et de signes contraires. Il ne s'annule jamais si a, b, c ont le même signe.

2° Si, a et b ayant des signes contraires, c a le signe de b, la fonction y passe encore deux fois par 0, la première fois avant le premier maximum ou minimum, la seconde fois après le dernier; car si $a > 0$, c et $c - \frac{b^2}{4a}$ sont négatifs; ils sont positifs, si $a < 0$.

3° Si, a et b ayant des signes contraires, c a le signe de a, y passe quatre fois par 0 ou ne s'annule jamais, selon que a et $c - \frac{b^2}{4a}$ ont des signes contraires ou le même signe. Dans le premier cas, on a $a\left(\frac{4ac - b^2}{4a}\right) < 0$. D'où : $b^2 - 4ac > 0$, et dans le second, on a, au contraire,

$$a\left(\frac{4ac - b^2}{4a}\right) > 0; \quad \text{d'où } b^2 - 4ac < 0.$$

On retrouve ainsi le théorème sur la nature des racines de l'équation bicarrée que nous allons rappeler.

Théorème. — *L'équation bicarrée complète, ramenée à la forme* $ax^4 + bx^2 + c = 0$, *a deux racines réelles, si le premier membre a une permanence et une variation. Elle a quatre racines réelles, si, le premier membre ayant deux variations, on a :* $b^2 - 4ac \geqq 0$. *Dans les autres cas, les racines sont imaginaires.*

14. Courbe représentée par le trinôme bicarré.

Deux valeurs de x égales et de signes contraires donnant à y deux valeurs égales, cette courbe est symétrique par rapport à la droite $x=0$, axe des y. La courbe rencontre cet axe au point qui a pour ordonnée $y=c$; c'est la seule ordonnée maximum ou minimum, si a et b ont même signe. Si a et b ont des signes contraires, chacune des deux branches a de plus une ordonnée maximum ou minimum égale à $c-\frac{b^2}{4a}$.

Lorsque la courbe s'étend indéfiniment au-dessus de l'axe des x, cette courbe a l'une des formes suivantes :

Premier cas : $-\frac{b}{2a}<0.$

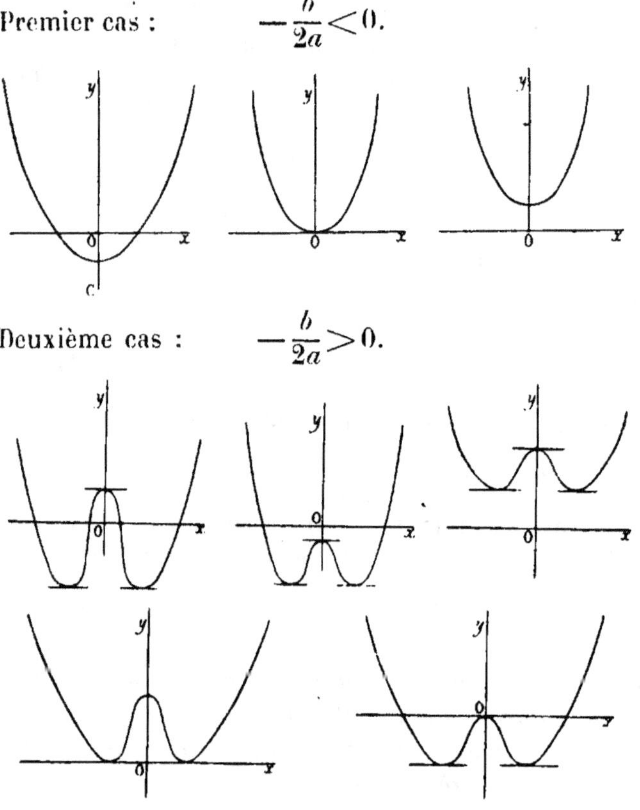

Deuxième cas : $-\frac{b}{2a}>0.$

Une demi-révolution de chacune de ces courbes autour de l'axe des x donne les différentes formes de la courbe, lorsqu'elle s'étend indéfiniment au-dessous de cet axe.

15. Cas où la variable est limitée.

Si a et b ont le même signe, il suffit de chercher la place de 0 par rapport aux deux limites de la variable.

Si a et b ont des signes contraires, il faut trouver la place de 0 et celles de $-\sqrt{-\frac{b}{2a}}$ et de $\sqrt{-\frac{b}{2a}}$ par rapport aux deux limites données.

16. Applications.

I. *Variations du trinôme* $y = 2x^4 - 9x^2 - 2$ *dans l'intervalle* $(-1, 2)$.

On a, dans cet exemple, $\sqrt{-\frac{b}{2a}} = \pm\frac{3}{2}$. $-\frac{3}{2}$ précède l'intervalle donné, tandis que 0 et $\frac{3}{2}$ sont compris dans cet intervalle. Les valeurs remarquables de x sont donc : -1, 0, $\frac{3}{2}$, 2. On calcule les valeurs correspondantes de y et l'on forme le tableau suivant :

x	-1	0	$\frac{3}{2}$	2
y	-9	-2 (Maximum)	$-\frac{97}{8}$ (Minimum)	-6

II. *Variations de* $y = a^2 \sin^4 x - b^2 \sin^2 x + c^2$.

Les limites de $\sin x$ sont -1 et $+1$. y devient minimum pour $\sin x = \pm\frac{b}{a\sqrt{2}}$, et maximum lorsque $\sin x = 0$.

Il y a trois cas :

1° $\frac{b}{a\sqrt{2}} < 1$, $b < a\sqrt{2}$.

Sin x	-1	$-\dfrac{b}{a\sqrt{2}}$	0	$\dfrac{b}{a\sqrt{2}}$	1
y	$a^2-b^2+c^2$	$c^2-\dfrac{b^4}{4a^2}$ (Minimum)	c^2 (Maximum)	$c^2-\dfrac{b^4}{4a^2}$ (Minimum)	$a^2-b^2+c^2$

2° $$\frac{b}{a\sqrt{2}}=1, \quad b=a\sqrt{2}, \quad b^2=2a^2.$$

Sin x	$-\dfrac{b}{a\sqrt{2}}=-1$	0	$\dfrac{b}{a\sqrt{2}}=1$
y	c^2-a^2 (Minimum)	c^2 (Maximum)	c^2-a^2 (Minimum)

3° $$\frac{b}{a\sqrt{2}}>1, \quad b>a\sqrt{2}.$$

Sin x	-1	0	1
y	$a^2-b^2+c^2$	c^2 (Maximum)	$a^2-b^2+c^2$

III. *Étant donné un cône circulaire droit et un point* A *sur le plan de la base, mener par ce point une sécante* BC *à cette base, telle que le triangle* SBC *ait une surface donnée* m², S *étant le sommet du cône. Résoudre le problème par l'algèbre.*

(Composition de mathématiques pour Saint-Cyr, 1888.)

R est le rayon de la base et H la hauteur du cône; $OD=x$ est perpendiculaire à BC. On a : $\overline{CD}^2=R^2-x^2$, $\overline{SD}^2=H^2+x^2$. L'équation du problème est donc, quelle que soit la position du point A :

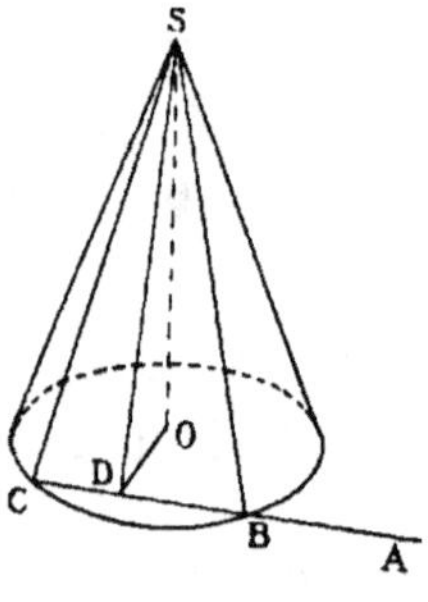

$$m^4=(R^2-x^2)(H^2+x^2)=$$
$$=-x^4+(R^2-H^2)x^2+R^2H^2 \quad (1),$$

$$x^4-(R^2-H^2)x^2+(m^4-R^2H^2)=0 \quad (2),$$

équation à résoudre.

Discussion.

Remarquons d'abord que deux valeurs de x, égales et de

signes contraires, déterminant le même triangle SBC dans deux positions symétriques par rapport au plan SAO, il suffit de considérer seulement les valeurs positives de x.

D'un autre côté, l'expression (1) de m^2 étant un trinôme bicarré, la discussion se fera facilement en étudiant les variations de ce trinôme, lorsque x croît de 0 à R, si le point A n'est pas intérieur à la base du cône, et de 0 à d si le point A, intérieur au cercle, est à la distance d du centre.

Deux cas sont indiqués par le trinôme bicarré (1) selon qu'on a $R > H$, $R < H$. En supposant d'abord que le point A n'est pas intérieur à la base du cône, on aura, pour ces deux cas, les deux tableaux suivants, indiquant les variations simultanées de x et de m^2.

I. $R \leq H$.

x	0	R
m^2	RH (Maximum)	0

II. $R > H$.

x	0	$\sqrt{\dfrac{R^2 - H^2}{2}}$	$\sqrt{R^2 - H^2}$	R
m^2	RH (Minimum)	$\dfrac{R^2 + H^2}{2}$ (Maximum)	RH	0

Si le point A est intérieur à la base du cône, x ne peut varier que de 0 à $d < R$. On limite les deux tableaux précédents aux deux valeurs correspondantes suivantes :

$$x = d, \qquad m^2 = \sqrt{(R^2 - d^2)(H^2 + d^2)} = K^2.$$

Si $R < H$, K^2 est toujours minimum absolu.

Lorsque $R > H$, K^2 est maximum absolu si d est dans le premier intervalle des valeurs de x, et minimum absolu si d est dans le second ou le troisième intervalle.

Conclusion. — Les résultats suivants se déduisent des deux tableaux précédents :

Le point A n'est pas intérieur à la base :	*Le point A est intérieur à la base :*
1° $R < H$, une solution si $m^2 < RH$.	1° $R < H$, une solution si $K^2 < m^2 < RH$.
2° $R > H$, une solution si $m^2 < RH$.	2° $R > H$, une solution si, d étant dans le troisième intervalle, on a : $$K^2 < m^2 < RH,$$ ou, si d étant dans le premier intervalle, on a : $$RH < m^2 < K^2.$$
3° $R > H$, deux solutions si $RH < m^2 < \frac{R^2 + H^2}{2}$.	3° $R > H$, deux solutions si $RH < m^2 < \frac{R^2 + H^2}{2}$ et que d soit dans le troisième intervalle, ou si, d étant dans le deuxième intervalle, on a : $$K^2 < m^2 < \frac{R^2 + H^2}{2}.$$

Fraction du premier degré.

17. Variations de la fraction $y = \frac{ax + b}{a'x + b'}$.

Fonction continue dans les deux intervalles :

$$\left(-\infty,\ -\frac{b'}{a'} - \varepsilon\right),\quad \left(-\frac{b'}{a'} + \varepsilon,\ +\infty\right).$$

Lorsque x passe par la valeur $-\frac{b'}{a'}$, le dénominateur s'annule et change de signe tandis que le numérateur conserve le sien à ce moment ; y devenant alors infini et changeant en même temps de signe passe brusquement de

$$-\infty \text{ à } +\infty \text{ ou de } +\infty \text{ à } -\infty.$$

Si l'on divise $ax+b$ par $a'x+b'$, on trouve :

$$y = -(ab'-ba')\frac{1}{a'^2x+a'b'}+\frac{a}{a'}$$

$$= -(ab'-ba')\,z+\frac{a}{a'} \quad (1),$$

en posant
$$\frac{1}{a'^2x+a'b'} = z.$$

Le dénominateur $a'^2x+a'b'$ étant négatif dans le premier intervalle et positif dans le second (7), x et z varient en sens contraire (5, 3°).

Donc, si $ab'-ba'>0$, y varie en sens contraire de z (7), c'est-à-dire, dans le même sens que x, la fonction est croissante.

Si $ab'-ba'<0$, y varie dans le même sens que z (7) et en sens contraire de x, la fonction est décroissante.

D'ailleurs, si $ab'-ba'=0$, la relation (2) montre que la fonction y est constante et égale à $\frac{a}{a'}$, pour toute valeur de x.

On a donc le tableau et le théorème suivants :

	x	$-\infty$	$-\frac{b'}{a'}$	$+\infty$
$ab'-ba'>0$	y	$\frac{a}{a'}$	$+\infty \mid -\infty$	$\frac{a}{a'}$
$ab'-ba'<0$	y	$\frac{a}{a'}$	$-\infty \mid +\infty$	$\frac{a}{a'}$

THÉORÈME. — *La fraction du premier degré est croissante dans les deux intervalles où elle est continue, si* $ab'-ba'>0$. *Elle est décroissante dans ces deux intervalles, si* $ab'-ba'<0$.

18. Courbe figurative.

Le tableau précédent montre que cette courbe a quatre branches infinies et deux asymptotes dont l'une $y=\frac{a}{a'}$ est parallèle à l'axe des x, et l'autre $x = -\frac{b'}{a'}$ est parallèle à l'axe des y. On démontre en géométrie analytique que cette courbe est une hyperbole.

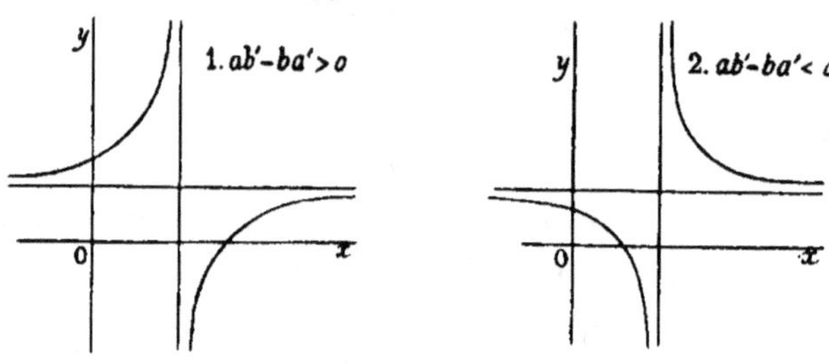

19. Applications.

I. *Variations de* $y = \frac{-3x+5}{2x-1}$ *dans l'intervalle* $(-1, 3)$.

On a $ab' - ba' = -7$, la fonction est décroissante. $x = \frac{1}{2}$ donne $y = \mp\infty$.

Tableau des variations.

x	-1	$\frac{1}{2}$	3
y	$-\frac{8}{3}$	$-\infty \mid +\infty$	$-\frac{4}{5}$

II. Problème. — *Couper une sphère par un plan tel que le rapport du segment sphérique, ainsi déterminé, au volume du cylindre de même base et de même hauteur, soit égal à un nombre donné* m. *Limites de* m.

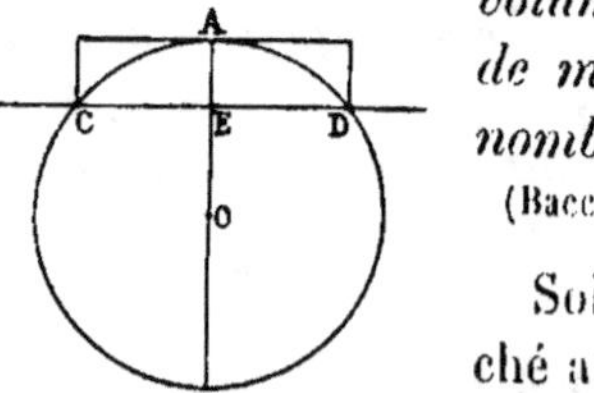

(Baccalauréat ès sciences. — Montpellier, 1879.)

Soit CD l'intersection du plan cherché avec le cercle O, générateur de la sphère de rayon donné R, AB le diamètre perpendiculaire à CD. Si nous considérons le segment sphérique DAC, $AE = x$ est sa hauteur et $CE = y$ le rayon de sa base.

On a immédiatement les deux équations :

$$\frac{\pi x^2\left(R-\frac{x}{3}\right)}{\pi y^2 x}=m \quad (1), \qquad y^2=x(2R-x) \quad (2),$$

et, en éliminant y :

$$\frac{R-\frac{x}{3}}{2R-x}=\frac{3R-x}{6R-3x}=\frac{x-3R}{3x-6R}=m \quad (3),$$

équation à résoudre.

DISCUSSION.

On discutera rapidement le problème en étudiant les variations de m dans l'intervalle (0, 2R).

$ab'-ba'=3$, la fonction (3) est croissante et devient égale à $+\infty$ pour $x=2R$. On a donc le tableau :

x	0	R	2R
m	$\frac{1}{2}$	$\frac{2}{3}$	$+\infty$

Conclusion : 1° On doit prendre $m \geq \frac{1}{2}$. Une seule solution.

2° Les volumes de la sphère et du cylindre circonscrit sont dans le rapport de 2 à 3.

III. *Soit :* $$y=\frac{ax+b}{a'x+b'}.$$

1° *Démontrer que si* ab' — ba' *n'est pas nul,* y *varie toujours dans le même sens lorsque* x *croît.*

2° *Soit* y_1, y_2, y_3, y_4, *les valeurs que prend* y *lorsqu'on remplace* x *successivement par* x_1, x_2, x_3, x_4, *trouver la relation qui existe entre les deux quotients :*

$$\frac{y_1-y_3}{y_2-y_3}:\frac{y_1-y_4}{y_2-y_4} \quad \text{et} \quad \frac{x_1-x_3}{x_2-x_3}:\frac{x_1-x_4}{x_2-x_4}.$$

Baccalauréat ès sciences. — Toulouse, 1891.)

1° Question de théorie déjà traitée (16).

2° On a :

$$y = \frac{ax+b}{a'x+b'} = -\frac{ab'-ba'}{a'^2x+a'b'} + \frac{a}{a'},$$

$$a'^2x + a'b' = a'^2\left(x + \frac{b'}{a'}\right) = a'^2h,$$

en posant $$x + \frac{b'}{a'} = h.$$

On aura donc :

$$y = -\frac{ab'-ba'}{a'^2h} + \frac{a}{a'},$$

Remplaçons x successivement par x_1 x_2 x_3 x_4 et désignons par h_1 h_2 h_3 h_4 les binômes : $x_1 + \frac{b'}{a'}$ $x_2 + \frac{b'}{a'}$ $x_3 + \frac{b'}{a'}$ $x_4 + \frac{b'}{a'}$, l'expression (1) donnera :

$$y_1 = -\frac{ab'-ba'}{a'^2h_1} + \frac{a}{a'} \quad y_2 = -\frac{ab'-ba'}{a'^2h_2} + \frac{a}{a'} \cdots$$

et par conséquent :

$$y_1 - y_3 = \frac{ab'-ba'}{a'^2}\left(\frac{1}{h_3} - \frac{1}{h_1}\right) = \frac{ab'-ba'}{a'^2} \times \frac{x_1 - x_3}{h_1h_3}$$

$$y_2 - y_3 = \frac{ab'-ba'}{a'^2} \times \frac{x_2 - x_3}{h_2h_3}$$

$$y_1 - y_4 = \frac{ab'-ba'}{a'^2} \times \frac{x_1 - x_4}{h_1h_4}$$

$$y_2 - y_4 = \frac{ab'-ba'}{a'^2} \times \frac{x_2 - x_4}{h_2h_4}$$

On en conclut :

$$\frac{y_1 - y_3}{y_2 - y_3} : \frac{y_1 - y_4}{y_2 - y_4} = \frac{(y_1 - y_3)(y_2 - y_4)}{(y_2 - y_3)(y_2 - y_4)} =$$

$$= \frac{\dfrac{(x_1 - x_3)(x_2 - x_4)}{h_1h_2h_3h_4}}{\dfrac{(x_2 - x_3)(x_1 - x_4)}{h_1h_2h_3h_4}} = \frac{x_1 - x_3}{x_2 - x_3} : \frac{x_1 - x_4}{x_2 - x_4}.$$

Donc les deux quotients sont égaux.

Fraction rationnelle du second degré.

$$y = \frac{ax^2 + bx + c}{a'x^2 + b'x + c'} \quad (1).$$

20. Les deux termes de la fraction ne doivent pas avoir de racines communes.

1° Si ces deux termes avaient une racine commune α, cette racine serait réelle ; soit β, β' les deux autres racines du numérateur et du dénominateur, on aurait :

$$y = \frac{a(x-\alpha)(x-\beta)}{a'(x-\alpha)(x-\beta')} = \frac{a(x-\beta)}{a'(x-\beta')},$$

fraction du premier degré. On sait d'ailleurs que ce cas aurait lieu si le résultant R des deux termes de la fraction donnée était nul, c'est-à-dire, si l'on avait :

$$R = (ac' - ca')^2 - (ab' - ba')(bc' - cb') = 0 \quad (2).$$

2° Si les deux termes de la fraction avaient deux racines communes, réelles ou imaginaires, on aurait :

$$y = \frac{a(x^2 + px + q)}{a'(x^2 + p'x + q')} = \frac{a}{a'} \text{ constante},$$

car dans ce cas, $p = p'$ $q = q'$. On en conclurait :

$$\frac{a}{a'} = \frac{b}{b'} = \frac{c}{c'} \quad (3).$$

Il faut donc supposer que les deux termes de y n'ont aucune racine commune, et qu'ainsi leurs coefficients ne sont liés ni par la relation (2) ni par les relations (3). On peut alors conclure que ces deux termes ne s'annulant jamais ensemble ne changent pas simultanément de signe.

21. Discontinuités.

Si le trinôme $a'x^2 + b'x + c'$ a ses racines réelles et inégales $\alpha < \beta$, il s'annule deux fois en changeant chaque fois de signe, tandis que le numérateur conserve alors le sien. La fonction y devient donc infinie deux fois avec changement de signe, c'est-à-dire, en sautant chaque fois de $+\infty$ à $-\infty$ ou de $-\infty$ à $+\infty$. Mais elle est continue dans les trois intervalles $(-\infty\,,\,\alpha-\varepsilon)$, $(\alpha+\varepsilon,\,\beta-\varepsilon)$, $(\beta+\varepsilon,\,+\infty)$.

Si les racines du dénominateur sont égales $\alpha=\beta$, ce dénominateur ne s'annule qu'une fois et conserve son signe, y devient infini une seule fois et ne change pas de signe à ce moment; la fonction est continue dans les deux intervalles $(-\infty\,,\,\alpha-\varepsilon)$, $(\alpha+\varepsilon,\,+\infty)$.

Si les racines sont imaginaires, la fonction est continue dans l'intervalle $(-\infty\,,\,+\infty)$.

22. Détermination des maximum et minimum.

La fonction ne pouvant recevoir que les valeurs pour lesquelles x est réel, soit y l'une d'elles; calculons la valeur correspondante de x et discutons la condition de réalité. On aura successivement :

$$(a'y-a)\,x^2+(b'y-b)\,x+(c'y-c)=0 \quad (4)$$

$$x=\frac{-(b'y-b)\pm\sqrt{\delta}}{2\,(a'y-a)} \quad (5)$$

$$\delta=(b'y-b)^2-4\,(a'y-a)\,(c'y-c)>0 \quad (6)$$

$$\delta=(b'^2-4a'c')\,y^2-2\,(bb'-2ac'-2ca')\,y$$
$$+\,(b^2-4ac)>0 \quad (7)$$

et enfin :

$$\delta=Ay^2-2By+C>0 \quad (8)$$

en posant :

$$b'^2-4a'c'=A,\; bb'-2ac'-2ca'=B,\; b^2-4ac=C.$$

y peut recevoir toutes les valeurs qui satisfont à la condition (6); à chaque valeur de y qui rend δ positif répondent deux valeurs de x déterminées par la formule (5); à chaque valeur de y annulant δ répond une seule valeur de x, déterminée par la même formule réduite à :

$$x=-\frac{b'y-b}{2(a'y-a)} \quad (9).$$

En d'autres termes x croissant de $-\infty$ à $+\infty$, la fonction donnée passe deux fois par toute valeur de y qui rend δ positif, et une fois seulement par celles qui annulent δ.

Discussion. — Première partie : $ab' - ba' \gtrless 0$.

Trois cas principaux :

1° *Les racines du trinôme* (8) *sont réelles et inégales* $B^2 - AC > 0$. — Soit $y_1 < y_2$ ces deux racines, x_1 et x_2 les deux valeurs correspondantes de x; nous supposons qu'aucune de ces deux valeurs de x ne devient infinie.

Si $A > 0$, la fonction y ne prend aucune valeur comprise entre y_1 et y_2; mais elle prend une fois ces deux valeurs et passe deux fois par toutes les valeurs plus petites que y_1 et deux fois par toutes les valeurs plus grandes que y_2. Elle devient infinie pour $x = \alpha$ et $x = \beta$, $\alpha < \beta$ étant les deux racines de son dénominateur; mais elle est continue pour toutes les autres valeurs de x. Donc y_1 est maximum et y_2 minimum.

Il faut remarquer que la fonction n'étant discontinue que lorsqu'elle devient infinie, et ne pouvant prendre aucune valeur comprise entre y_1 et y_2, ne peut aller de l'une à l'autre de ces deux limites qu'en passant par l'infini, ce qui a lieu pour $x = \alpha$ ou $x = \beta$, comme nous venons de le dire. Donc l'un des deux nombres α, β est compris entre les deux nombres x_1 et x_2.

Si $A < 0$, la fonction passe deux fois par toutes les valeurs comprises entre y_1 et y_2 et une fois par ces deux dernières; mais elle ne prend aucune valeur extérieure à l'intervalle $(y_1,\ y_2)$. Elle est continue pour toute valeur de x. Donc y_1 et y_2 sont respectivement minimum et maximum.

Si $A = 0$, la condition (8) se réduit à $-2By + C \geqq 0$. D'où $y \leqq \frac{C}{2B}$ si B est positif, et $y \geqq \frac{C}{2B}$ si B est négatif.

Soit $y_1 = \frac{C}{2B}$. La fonction y prend une fois la valeur y_1 et passe deux fois par toutes les valeurs plus petites que y_1 ou deux fois par toutes les valeurs plus grandes. Elle devient infinie pour $x = \alpha = \beta$; mais elle est continue pour toutes les autres valeurs de x. Donc $y_1 = \frac{C}{2B}$ est maximum ou minimum selon que B est positif ou négatif. C'est la seule limite de y, l'autre racine y_2 du trinôme (8) étant devenue infinie.

Cas de $a' = 0$. — Lorsque $a' = 0$, on ne peut supposer ni $a = 0$, ni $b' = 0$ ni, par conséquent, $ab' - ba' = 0$. On a alors $A = b'^2 > 0$. Donc aucune des deux racines y_1, y_2 du trinôme (8) ne peut devenir infinie. Il en est de même de x_1 et de x_2; car si l'on avait, par exemple, $x_1 = \pm\infty$ lorsque $a' = 0$, l'équation (1) donnerait soit $y_1 = +\infty$, soit $y_1 = -\infty$.

2° *Les racines du trinôme* (8) *sont réelles et égales* $B^2 - AC = 0$. — Ce cas ne peut se présenter si les deux termes de la fraction donnée n'ont pas de racines communes, comme nous l'avons supposé, car $B^2 - AC = 4R$. En effet, on a successivement :

$$\begin{aligned} B^2 - AC &= [bb' - (2ac' + 2ca')]^2 - (b^2 - 4ac)(b'^2 - 4a'c') \\ &= 4[(ac' + ca')^2 - 4\,ac\,a'c' - bb'(ac' + ca') \\ &\quad + acb'^2 - a'c'b^2] \\ &= 4[(ac' - ca')^2 - bc'(ab' - ba') + cb'(ab' - ba')] \\ &= 4[(ac' - ca')^2 - (ab' - ba')(bc' - cb')] \\ &= 4R. \end{aligned}$$

Or, R n'est pas nul, par hypothèse.

Si donc on trouvait $B^2 - AC = 0$, il faudrait conclure que les deux termes de la fraction donnée ont une racine commune, qui serait $-\frac{b'}{2a'}$ si l'on avait $A = 0$, $B = 0$. Dans le cas où l'on aurait $A = 0$, $B = 0$, $C = 0$, la racine commune serait double dans le numérateur et dans le dénominateur, et la fraction deviendrait $y = \frac{a}{a'}$. En effet de $A = 0$ et $C = 0$, on conclut $y = \frac{a\left(x + \frac{b}{2a}\right)^2}{a'\left(x + \frac{b'}{2a'}\right)^2}$. Si on a, de plus, $B = 0$, alors $B^2 - AC = 0$, $-\frac{b}{2a}$ racine du numérateur est égale à $-\frac{b'}{2a'}$ racine du dénominateur et la fraction se réduit à $y = \frac{a}{a'}$, après la suppression du facteur commun à ses deux termes.

3° *Les racines du trinôme* (8) *sont imaginaires :*

$$B^2 - AC < 0.$$

Ni A ni C ne peuvent être nuls, et A ne peut être négatif, car, s'il l'était, le trinôme δ le serait aussi et x serait imaginaire pour toute valeur de y, ce qui ne peut être. Donc A est toujours positif, et alors, le trinôme δ étant positif pour toute valeur de y, la fonction passe deux fois par toutes les valeurs depuis $-\infty$ jusqu'à $+\infty$ sans qu'aucune soit maximum ou minimum.

Deuxième partie : $ab' - ba' = 0$.

Nous avons supposé qu'aucune des deux valeurs x_1 et x_2 ne devient infinie, et nous l'avons démontré lorsque $a' = 0$. Je dis que, lorsque a' n'est pas nul, ab' — ba' = 0 *est la condition nécessaire et suffisante pour que* x_1 *ou* x_2 devienne infini.

1° *Nécessaire.* — Car si l'on a, par exemple, $x_1 = \pm\infty$, la fraction (1) donne $y_1 = \frac{a}{a'}$, et l'équation (6) devient $\left(\frac{b'a}{a'} - b\right)^2 = 0$; d'où $ab' - ba' = 0$.

2° *Suffisante.* $ab' - ba' = 0$ donne $\frac{b'a}{a'} - b = 0$.

Donc $b'y - b$ et $a'y - a$ s'annulant pour $y = \frac{a}{a'}$, on conclut : 1° que $\frac{a}{a'}$ est racine de l'équation (6), soit $y_1 = \frac{a}{a'}$; 2° que $x_1 = \infty$ est racine de l'équation (4).

Pour trouver la seconde racine y_2 de l'équation (6), on remarque que si $ab' - ba' = 0$, d'où $\frac{a}{a'} = \frac{b}{b'}$, la formule (9)

donnera $x_2 = -\dfrac{b'\left(y - \frac{b}{b'}\right)}{2a'\left(y - \frac{a}{a'}\right)} = -\frac{b'}{2a'} = -\frac{b}{2a}$. Remplaçant x par $-\frac{b}{2a}$ dans le numérateur de la fraction donnée et par $-\frac{b'}{2a'}$ dans le dénominateur, cette fraction devient

$y_2 = \dfrac{c - \frac{b^2}{4a}}{c' - \frac{b'^2}{4a'}}$, valeur maximum ou minimum selon que la fonction donnée est d'abord croissante ou décroissante, c'est-à-dire, selon que $ca' - ac'$ est positif ou négatif, comme il sera démontré (23).

Si $b'^2 - 4a'c' = 0$, y devenant infini, il n'y a ni maximum ni minimum.

Axe de symétrie. — Lorsque $ab' - ba' = 0$, la courbe représentée par la fraction du second degré a un axe de symétrie $x = -\frac{b}{2a} = -\frac{b'}{2a'}$.

On sait que le trinôme du second degré $ax^2 + bx + c$ prend deux valeurs égales lorsqu'on donne à x deux valeurs équidistantes de $-\frac{b}{2a}$. Si donc les deux termes de la fraction donnée prennent respectivement les valeurs M et N pour $x = -\frac{b}{2a} - h$, ils reprendront ces mêmes valeurs pour $x = -\frac{b}{2a} + h$, h étant quelconque. En d'autres termes, à deux abscisses $x = -\frac{b}{2a} - h$, $x = -\frac{b}{2a} + h$ dont les extrémités sont équidistantes de celle de l'abscisse $x = -\frac{b}{2a}$ répondent deux ordonnées égales. Donc la droite $x = -\frac{b}{2a}$ est un axe de symétrie de la courbe.

Le tableau suivant résume la discussion.

I. $ab' - ba' \gtrless 0$; $y_1 < y_2$ racines de δ.

1. $A > 0$, $B^2 - AC < 0$, ni maximum ni minimum.
2. $A > 0$, $B^2 - AC > 0$, y_1 maximum, y_2 minimum.
3. $A < 0$, y_1 minimum, y_2 maximum.
4. $A = 0$, y_1 ou y_2 infini, l'autre racine maximum ou minimum.

II. $ab' - ba' = 0$. — Les deux racines de δ sont :

$$y' = \frac{a}{a'} \qquad y'' = \frac{c - \frac{b^2}{4a}}{c' - \frac{b'^2}{4a'}}$$

qui correspondent à

$$x' = \pm\infty \qquad x'' = -\frac{b}{2a} = -\frac{b'}{2a'}$$

5. $A \gtrless 0$, y'' maximum ou minimum.
6. $A = 0$ ni maximum ni minimum.

Conclusion. — 1° *Les maximum et minimum de la fraction rationnelle du second degré sont les racines réelles, inégales et finies du discriminant de l'équation donnée, mise sous la forme d'une équation du second degré en* x.

2° *Les valeurs correspondantes de* x *sont données par la formule des racines égales.*

3° *Lorsque* $ab' - ba' = 0$, *le seul maximum ou minimum est* $y = \dfrac{c - \dfrac{b^2}{4a}}{c' - \dfrac{b'^2}{4a'}}$ *et la valeur correspondante de* x *est* $x = -\dfrac{b}{2a} = -\dfrac{b'}{2a'}$.

4° *Pour que la fraction ait des maximum ou minimum lorsque* $ab' - ba' \gtrless 0$, *il faut et il suffit que le résultant de ses deux termes soit positif; car* $B^2 - AC = 4R$.

Si $ab' - ba' = 0$, *il faut et il suffit que les racines du dénominateur soient inégales.*

23. Théorème. — *La fraction rationnelle du second degré est une fonction d'abord croissante ou décroissante, selon que* $ab' - ba'$ *est positif ou négatif, ou selon que* $ca' - ac'$ *est positif ou négatif si* $ab' - ba' = 0$.

1° a' *n'est pas nul.* $\dfrac{a}{a'}$ étant la limite vers laquelle tend y lorsque la valeur absolue de x croît indéfiniment, posons $K = y - \dfrac{a}{a'}$. On a alors :

$$K = \frac{ax^2 + bx + c}{a'x^2 + b'x + c'} - \frac{a}{a'} = \frac{-(ab' - ba')x + (ca' - ac')}{a'^2x^2 + a'b'x + a'c'}$$

Désignons par θ une valeur de x plus petite que celles qui rendent y maximum, minimum, infini ; la fonction y sera continue dans l'intervalle $(-\infty, \theta)$, toujours croissante dans cet intervalle et plus grande que $\dfrac{a}{a'}$, ou toujours décroissante et plus petite que $\dfrac{a}{a'}$. Le premier cas aura lieu si $K > 0$, le second si $K < 0$.

Or, dans l'intervalle $(-\infty, 0)$, 1° le dénominateur de K ayant le signe de a'^2 est positif; donc K a le signe du numérateur; 2° K ne pouvant s'annuler puisque y est $\gtrless \frac{a}{a'}$, le numérateur ne peut s'annuler; ce binôme du premier degré, ayant donc un signe contraire à celui du coefficient de x, a même signe que $ab' - ba'$.

Donc K a le signe de $ab' - ba'$.

Si donc $ab' - ba' > 0$, K est positif et la fonction y est croissante dans l'intervalle $(-\infty, 0)$; si $ab' - ba' < 0$, K est négatif et la fonction est décroissante.

Si $ab' - ba' = 0$, K a le signe de $ca' - ac'$. Donc, dans l'intervalle $(-\infty, 0)$, la fonction y est croissante ou décroissante selon que $ca' - ac'$ est positif ou négatif.

Cette démonstration s'applique au cas de $a = 0$. On a, dans ce cas, $\frac{a}{a'} = 0$, $ab' - ba' = -ba'$, $ca' - ac' = ca'$,

$$\frac{ca' - ac'}{ab' - ba'} = -\frac{c}{b}, \; y = \frac{bx + c}{a'x^2 + b'x + c'} = \frac{ba'x + ca'}{a'^2x^2 + a'b'x + a'c'}.$$

Cette fonction, ayant 0 pour limite lorsque $x = -\infty$, est croissante et positive dans l'intervalle $(-\infty, 0)$ ou décroissante et négative. Or, dans cet intervalle, y a le signe de $-ba'$, ou celui de ca' si $b = 0$.

Il faut remarquer aussi que, lorsque $a = 0$, y ne change pas de signe dans l'intervalle $(-\infty, 0)$.

2° $a' = 0$. $ab' - ba'$ se réduit à ab'. On peut écrire :

$$y = \frac{ax^2 + bx + c}{b'x + c'} = \frac{1}{\dfrac{b'x + c'}{ax^2 + bx + c}} = \frac{1}{z}.$$

La fraction représentée par z ne changeant pas de signe dans l'intervalle $(-\infty, 0)$, y et z varient en sens contraire dans cet intervalle. Or, cette dernière fonction est décroissante ou croissante, selon que $-ab'$ est négatif ou positif, c'est-à-dire, selon que ab' est positif ou négatif.

D'ailleurs, lorsque $a' = 0$, on ne peut avoir $a = 0$ ou $b' = 0$.

Le théorème est donc démontré.

Remarque. — Si la variable, au lieu de croître depuis $-\infty$, décroît depuis $+\infty$, on démontre d'une manière analogue que si θ désigne une valeur de x plus grande que celles qui rendent la fonction y maximum, minimum, infinie, la fraction du second degré croît ou décroît dans l'intervalle $(+\infty, \theta)$, selon que $ab' - ba'$ est négatif ou positif, ou selon que $ca' - ac'$ est positif ou négatif, si $ab' - ba' = 0$.

24. Autre manière de trouver les maximum et minimum.

y_1 et y_2 maximum et minimum de la fraction y sont les racines réelles, inégales et finies du discriminant δ de l'équation (4); x_1 et x_2 valeurs correspondantes de x sont déterminées ensuite par la formule (9). Donc y_1 et x_1, y_2 et x_2 sont les solutions du système (m).

$$(m) \left\{ \begin{array}{ll} (b'y - b)^2 - 4(a'y - a)(c'y - c) = 0 & (6) \\ x = -\dfrac{b'y - b}{2(a'y - a)} & (9) \end{array} \right.$$

qui est équivalent au système (n)

$$(n) \left\{ \begin{array}{ll} x = -\dfrac{b'y - b}{2(a'y - a)} & (9) \\ y = \dfrac{ax^2 + bx + c}{a'x^2 + b'x + c'} & (1) \end{array} \right.$$

car, 1° toute solution du système (m) est solution de l'équation (5) et, par suite, de l'équation (1); 2° toute solution du système (n) est solution des équations (5) et (9), et, par conséquent, de l'équation (6).

L'élimination de y du système (n) donne successivement :

$$y = \frac{2ax + b}{2a'x + b'} \quad (10) \qquad \frac{ax^2 + bx + c}{a'x^2 + b'x + c'} = \frac{2ax + b}{2a'x + b'} \quad (11)$$

$$(ab' - ba')x^2 + 2(ac' - ca')x + (bc' - cb') = 0 \quad (12)$$

x_1 et x_2 sont les deux racines réelles et inégales de l'équation (12). L'équation (10) ou l'équation (1) déterminent ensuite y_1 et y_2 valeurs de y correspondantes à x_1 et à x_2.

Il faut savoir former immédiatement les deux équations (12) et (10). En éliminant y, on en déduirait le système (m).

Nous avons remplacé le système (m) par le système (n) plus facile à résoudre.

Discussion. — Le discriminant de l'équation (12) étant le résultant des deux termes de la fraction donnée sera, comme lui, désigné par R.

1° $R < 0$. — Racines imaginaires, ni maximum ni minimum.

2° $R = 0$. — Racines égales. Si ce cas se présente, les deux termes de la fraction donnée ont une racine commune, et cette fraction se réduisant à une fraction du premier degré n'a ni maximum ni minimum.

3° $R > 0$. — Deux racines $x_1 < x_2$ réelles et inégales. Aucune d'elles n'est infinie si $ab' - ba'$ n'est pas nul. De même aucune des deux valeurs y_1, y_2 n'est infinie si $2a'x + b'$ n'est pas nul. Donc l'une de ces deux valeurs est alors maximum et l'autre minimum; y_1 qui correspond à la plus petite racine x_1 est maximum ou minimum selon que la fraction donnée est d'abord croissante ou décroissante, c'est-à-dire, selon que $ab' - ba' \gtrless 0$.

Si $A = 0$, on a alors $2a'x + b' = 0$, y_1 ou y_2 devient infini et il n'y a qu'un seul maximum ou minimum.

Lorsque $ab' - ba' = 0$, l'une des deux racines de l'équation (12), x_1 par exemple, devient infinie et l'équation (10) donne pour valeur correspondante de y, $y_1 = \frac{a}{a'}$. L'autre

racine $x_2 = -\frac{bc' - cb'}{2(ac' - ca')} = -\frac{b\left(c' - \frac{cb'}{b}\right)}{2a\left(c' - \frac{ca'}{a}\right)} = -\frac{b}{2a}$

$= -\frac{b'}{2a'}$, l'équation (10) devient $y = \frac{0}{0}$; mais l'équation (1) donne $y_2 = \dfrac{c - \dfrac{b^2}{4a}}{c' - \dfrac{b'^2}{4a'}}$. Si A n'est pas nul, le dénominateur $c' - \dfrac{b'^2}{4a'}$ n'est pas nul, et cette valeur de y_2 est maximum ou minimum selon que $ca' - ac' \gtrless 0$; mais si $A = 0$, y_2 devient infini, il n'y a plus ni maximum, ni minimum et la fraction en passant par l'infini ne change pas de signe.

Si l'on remarque que $B^2 - AC = 4R$, (22) on voit que les cas de $R < 0$, $R = 0$, $R > 0$ correspondent à ceux de $B^2 - AC < 0$, $B^2 - AC = 0$, $B^2 - AC > 0$, et que l'on retrouve tous les résultats déjà obtenus (22).

Il faut remarquer aussi que l'Algèbre élémentaire fournit deux manières différentes de calculer les maximum et minimum de la fraction du second degré, selon qu'on se sert du système (m) ou du système des équations (10) et (12). Pour trouver la seconde manière, *l'emploi des dérivées est donc inutile*.

25. Application.

Déterminer par les deux méthodes les maximum et minimum de la fraction :

$$y = \frac{x^2 - 6x + 9}{x^2 - 2x - 15}$$

Première méthode. — De la fraction donnée, on déduit l'équation :

$$(y - 1)x^2 - 2(y - 3)x - (15y + 9) = 0.$$

Condition de réalité :

$$(y - 3)^2 + (y - 1)(15y + 9) > 0.$$

Elle se réduit à $4y^2 - 3y > 0$.

Les racines du premier membre sont :

$$y_1 = 0 \qquad y_2 = \frac{3}{4}$$

La fonction y peut prendre toutes les valeurs depuis 0 jusqu'à $-\infty$ et depuis $\frac{3}{4}$ jusqu'à $+\infty$. Donc 0 est maximum et $\frac{3}{4}$ minimum.

Les valeurs correspondantes de x sont données par l'équation :

$$x = \frac{y-3}{y-1}$$

Remplaçant successivement y par 0 et par $\frac{3}{4}$, on trouve :

$$x_1 = 3 \qquad x_2 = 9.$$

Donc la fraction donnée passe par un maximum égal à 0 pour $x = 3$, et par un minimum égal à $\frac{3}{4}$ pour $x = 9$.

Deuxième méthode. — Formons l'équation :

$$(ab' - ba')x^2 + 2(ac' - ca')x + (bc' - cb') = 0.$$

$$ab' - ba' = 4, \quad ac' - ca' = -24, \quad bc' - cb' = 108,$$

l'équation devient :

$$x^2 - 12x + 27 = 0.$$

Elle a pour racines :

$$x_1 = 3, \quad x_2 = 9.$$

Les valeurs correspondantes de y se calculent au moyen de l'équation :

$$y = \frac{2ax + b}{2a'x + b'}$$

$$x_1 = 3 \text{ donne } y_1 = 0, \quad x_2 = 9 \text{ donne } y_2 = \frac{3}{4}.$$

$ab' - ba' = 4$ étant positif, la fonction est d'abord croissante. Donc le maximum a lieu avant le minimum. $y_1 = 0$ est donc maximum, $y_2 = \frac{3}{4}$ est minimum.

26. Remarques sur la fraction du second degré.

1° $x_1 < x_2$ étant les deux racines de l'équation (12), on a $\frac{x_1+x_2}{2}=\frac{ca'-ac'}{ab'-ba'}$. Donc tout nombre plus petit que x_1 est plus petit que $\frac{ca'-ac'}{ab'-ba'}$, et tout nombre plus grand que x_2 est plus grand que $\frac{ca'-ac'}{ab'-ba'}$.

2° $\frac{a}{a'}$ étant la limite de y lorsque $x=\pm\infty$, cela veut dire que la droite $y=\frac{a}{a'}$ est asymptote de la courbe représentée par la fraction du second degré. Cette droite rencontre cette courbe en un point dont l'abscisse satisfait à l'équation :

$$\frac{ax^2+bx+c}{a'x^2+b'x+c'}=\frac{a}{a'},$$

cette abscisse est donc :

$$x=\frac{ca'-ac'}{ab'-ba'}=\frac{x_1+x_2}{2},$$

et l'on conclut que son extrémité est équidistante des extrémités des deux abscisses x_1 et x_2.

Cette remarque est utile pour le tracé de la courbe.

On conclut aussi que, si l'on remplace x par $\frac{x_1+x_2}{2}$ ou $\frac{ca'-ac'}{ab'-ba'}$, la fraction y devient égale à $\frac{a}{a'}$.

3° Si l'on met la fraction donnée sous la forme :

$$y=\frac{a}{a'}\cdot\frac{x^2+px+q}{x^2+p'x+q'}=\frac{a}{a'}\,\frac{f(x)}{\varphi(x)},$$

l'équation qui a pour racines x_1 et x_2 sera :

$$(p'-p)x^2+2(q'-q)x+(pq'-qp')=0.$$

D'où : $x = -\frac{q'-q}{p'-p} \pm \sqrt{\left(\frac{q'-q}{p'-p}\right)^2 - \frac{pq'-qp'}{p'-p}}.$

Si dans la fraction y on remplace x par $-\frac{q'-q}{p'-p}$, qui est égal à $\frac{x_1+x_2}{2}$, cette fraction y devient égale à $\frac{a}{a'}$, les deux termes $f(x)$ et $\varphi(x)$ deviennent donc égaux et l'on trouve pour leur valeur commune :

$$f\left(-\frac{q'-q}{p'-p}\right) = \varphi\left(-\frac{q'-q}{p'-p}\right) = \left(\frac{q'-q}{p'-p}\right)^2 - \frac{pq'-qp'}{p'-p}$$
$$= \frac{R}{(ab'-ba')^2},$$

R désignant le résultant des deux termes de la fraction y.

27. Variations de la fraction y. — Courbe figurative.

Nous pouvons maintenant déterminer rigoureusement dans chaque cas la marche des variations de la fraction du second degré et la forme générale de la courbe qu'elle représente.

1° *Marche des variations.* — Nous avons distingué quatre cas principaux et nous avons démontré que dans chacun d'eux la fraction prend toutes les valeurs indiquées dans l'une des lignes horizontales du tableau suivant :

1. $A > 0$, $B^2 - AC < 0$, ni maximum ni minimum

$$-\infty \qquad +\infty \mid -\infty \qquad +\infty$$

2. $A > 0$, $B^2 - AC > 0$, y_1 maximum, y_2 minimum $y_1 < y_2$

$$-\infty \qquad y_1 \qquad -\infty \mid +\infty \qquad y_2 \qquad +\infty$$

3. $A < 0$, y_1 minimum, y_2 maximum $y_1 < y_2$

$$y_1 \qquad y_2 \qquad y_1$$

4. $A = 0$, $\frac{C}{2B}$ maximum ou minimum

$$-\infty \qquad \frac{C}{2B} \qquad -\infty\text{, ou bien, } +\infty \qquad \frac{C}{2B} \qquad +\infty$$

Après avoir déterminé la ligne correspondante au cas donné, on marque la place de $\frac{a}{a'}$ dans cette ligne, et à partir de $\frac{a}{a'}$ on suit successivement les deux parties de la ligne, dans le même sens indiqué par le théorème du nº 23, jusqu'à ce qu'on revienne au point de départ $\frac{a}{a'}$.

Soit, par exemple, dans le second cas :

$$ab' - ba' > 0 \quad \frac{a}{a'} > y_2$$

la marche des variations est ainsi indiquée :

x	$-\infty$	α	x_1	β	x_2	$+\infty$.
y	$\frac{a}{a'}$	$+\infty \mid -\infty$	y_1 (Max.)	$-\infty \mid +\infty$	y_2 (Min.)	$\frac{a}{a'}$.

Soit, dans le même cas :

$$ab' - ba' = 0, \; ca' - ac' < 0,$$

la fonction étant d'abord décroissante a un minimum ; donc $\frac{a}{a'} = y_1$ et l'on a le tableau suivant :

x	$-\infty$	α	x_2	β	$+\infty$
y	$\frac{a}{a'}$	$-\infty \mid +\infty$	y_2 (Min.)	$+\infty \mid -\infty$	$\frac{a}{a'}$.

Soit enfin, dans le même cas, $a' = 0$, $ab' - ba' > 0$. Ici nous avons $\frac{a}{a'} = -\infty$ puisque la fonction est d'abord croissante et voici le tableau des variations :

x	$-\infty$	x_1	α	x_2	$+\infty$
y	$-\infty$	y_1 (Max)	$-\infty \mid +\infty$	y_2 (Min.)	$+\infty$

2º *Forme générale de la courbe.* — Dans le premier de ces trois exemples, la courbe a 6 branches infinies et 3 asymptotes : $y = \frac{a}{a'}$, $x = \alpha$, $x = \beta$.

Dans le second, la courbe a de plus un axe de symétrie $x = x_2$.

Dans le troisième exemple, la courbe a 4 branches infinies et deux asymptotes dont l'une $x = \alpha$. On démontre en géométrie analytique : 1° que l'autre asymptote est $y = mx + n$, le second membre étant la partie entière du quotient obtenu en divisant le numérateur de la fraction donnée par le dénominateur ; 2° et que, lorsque $a' = 0$, la fraction du second degré représente une hyperbole.

Si on classe l'hyperbole à part, on voit que la fraction rationnelle du second degré représente 4 classes de courbes.

1° Courbes ayant 6 branches infinies et 3 asymptotes. Caractère $A > 0$.	Sans ordonnée maximum ou minimum. $R < 0$. Deux ordonnées maximum et minimum. $R > 0$. Une seule ordonnée maximum ou minimum : $(ab' - ba' = 0)$.
2° Hyperbole. Caractère $a' = 0$.	Sans ordonnée maximum ou minimum. $R < 0$. Deux ordonnées maximum et minimum. $R > 0$.
3° Courbes ayant 4 branches infinies et 2 asymptotes. Caractère $A = 0$.	Une seule ordonnée maximum ou minimum. Ni maximum ni minimum : $(ab' - ba' = 0)$.
4° Courbes à 2 branches infinies et une asymptote. Caractère $A < 0$.	Deux ordonnées maximum et minimum. Une seule ordonnée maximum ou minimum : $(ab' - ba' = 0)$.

4

Premier genre

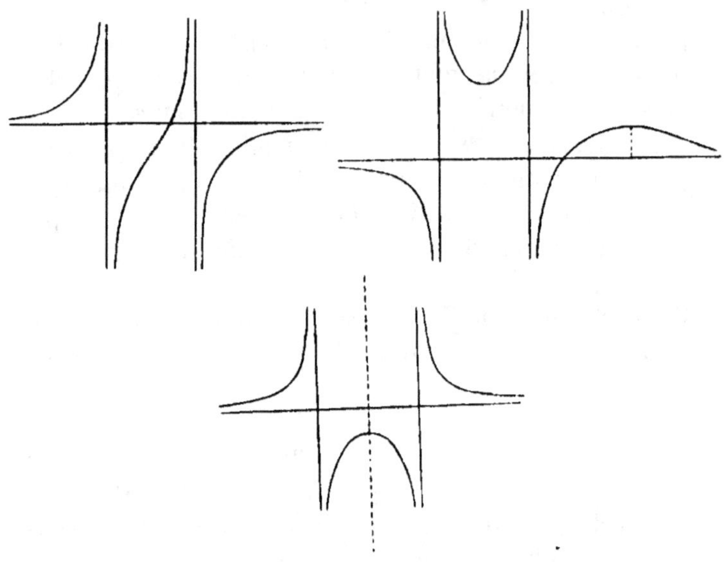

Second genre

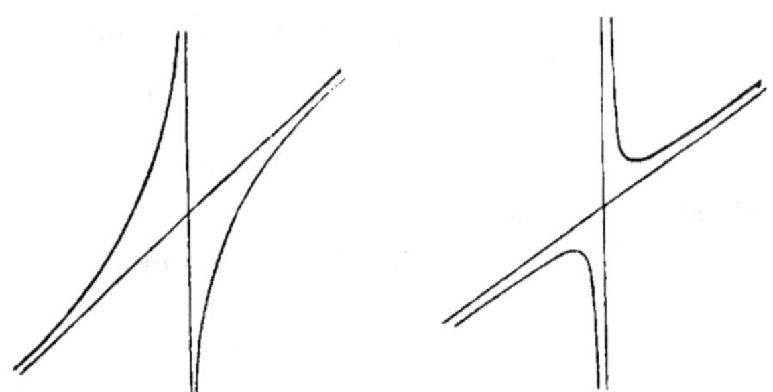

Troisième genre

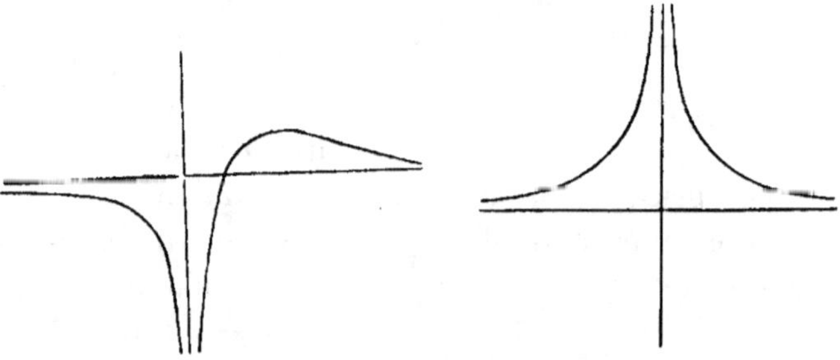

Quatrième genre

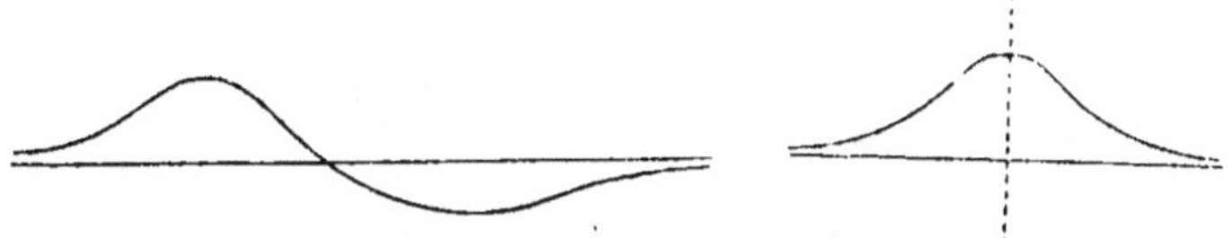

Chacune de ces neuf figures peut présenter plusieurs dispositions différentes faciles à déterminer.

Pour le tracé de la courbe, on construit les asymptotes, les points maximum et minimum, les tangentes en ces points (elles sont parallèles à l'axe des x), les points d'intersection de la courbe avec les axes coordonnés et avec l'asymptote $y = \frac{a}{a'}$. La fonction donnée permet d'ailleurs d'obtenir autant de points que l'on voudra.

29. Applications.

I. *Variations de la fraction* $y = \frac{ax^2 + c}{a'x^2 + c'}$.

On a $ab' - ba' = 0$, et A n'est pas nul. Donc cette fraction a un maximum ou un minimum, selon que $ca' - ac'$ est positif ou négatif.

Ce maximum ou ce minimum, égal à $\frac{c}{c'}$, a lieu lorsque $x = 0$. On suppose évidemment que c' n'est pas nul.

Si a' et c' ont des signes contraires, le dénominateur a ses deux racines réelles, égales et de signes contraires $x = \pm\sqrt{-\frac{c'}{a'}}$ et la fonction y devient infinie deux fois en changeant chaque fois de signe. La courbe appartient à la première classe.

Si a' et c' ont même signe, les racines du dénominateur sont imaginaires et la fonction ne devient jamais infinie. La courbe appartient à la quatrième classe.

Voici le tableau des variations de y dans les deux cas,

en supposant $ca' - ac'$ positif dans le premier cas, et négatif dans le second.

Premier cas. $ca' - ac' > 0$.

x	$-\infty$	$-\sqrt{-\frac{c}{a'}}$	0	$\sqrt{-\frac{c}{a'}}$	$+\infty$
y	$\frac{a}{a'}$	$+\infty \mid -\infty$	$\frac{c}{c'}$ (Maximum)	$-\infty \mid +\infty$	$\frac{a}{a'}$

Second cas : $ca' - ac' < 0$.

x	$-\infty$	0	$+\infty$
y	$\frac{a}{a'}$	$\frac{c}{c'}$ (Minimum)	$\frac{a}{a'}$

II. *Variations de la fonction* $y = \frac{8x^2 + 9x - 14}{x^2 + x - 1}$, x *prenant toutes les valeurs possibles.*

(Institut agronomique, 1898.)

On a : $ab' - ba' = -1$, $\Delta = 5$. La fonction est d'abord décroissante, devient infinie deux fois et peut avoir un maximum et un minimum.

1° *Discontinuités.* $x^2 + x - 1 = 0$, donne :

$$x = \frac{-1 \pm \sqrt{5}}{2}.$$

2° *Maximum et minimum.* $ab' - ba' = -1$, $ac' - ca' = 6$, $bc' - cb' = 5$. On a donc l'équation :

$$x^2 - 12x - 5 = 0$$

qui a pour racines : $x = 6 \pm \sqrt{41}$. D'où :

$$x_1 = 6 - \sqrt{41},\quad x_2 = 6 + \sqrt{41}.$$

On a, pour les valeurs correspondantes de y :

$$y = \frac{2ax + b}{2a'x + b'} = \frac{16x + 9}{2x + 1} = 8 + \frac{1}{2x + 1}$$

$$= 8 + \frac{1}{13 \pm 2\sqrt{41}} = 8 + \frac{13 \mp 2\sqrt{41}}{5}$$

$$y_1 = \frac{53 + 2\sqrt{41}}{5},\qquad y_2 = \frac{53 - 2\sqrt{41}}{5}.$$

D'ailleurs, la fonction étant d'abord décroissante, le minimum a lieu avant le maximum. Donc y_1 est minimum et y_2 maximum.

TABLEAU DES VARIATIONS.

x	$-\infty$	$\frac{-1-\sqrt{5}}{2}$	$6-\sqrt{41}$	$\frac{-1+\sqrt{5}}{2}$	$6+\sqrt{41}$	$+\infty$
y	8	$-\infty \mid +\infty$	$\frac{33+2\sqrt{41}}{3}$ (Minimum)	$+\infty \mid -\infty$	$\frac{33-2\sqrt{41}}{3}$ (Maximum)	8

3° Pour le tracé de la courbe (premier genre), on a aussi les intersections :

Avec l'asymptote $y = 8$, $x = 6$

Avec l'axe des y : $x = 0$ $y = 14$

Avec l'axe des x : $y = 0$ $x = \frac{7}{8}$ et $y = 0$, $x = -2$.

III. *Etant donnée la fonction* $y = \frac{x^2+1}{2mx+3n}$, *détermi-ner* m *et* n *de manière que cette fraction ait un maximum égal à* -1 *et un minimum égal à* $\frac{1}{4}$. *Prendre la valeur positive de* m *et calculer les valeurs correspondantes de* x.

(Baccalauréat classique, Paris, 1897.)

Première méthode. — Formons l'équation qui a pour racines le maximum et le minimum. On aura successivement :

$y = \frac{x^2+1}{2mx+3n}$, $2myx + 3ny - x^2 - 1 = 0$, $x^2 - 2myx - (3ny-1) = 0$, $m^2y^2 + 3ny - 1 \geq 0$. Les racines de ce trinôme sont : $y_1 = -1$, $y_2 = \frac{1}{4}$; la première est le maximum et la seconde le minimum de y. On en déduit les valeurs de m et de n. Car on a :

$$y_1 + y_2 = -\frac{3n}{m^2} = -\frac{3}{4}, \quad y_1 y_2 = -\frac{1}{m^2} = -\frac{1}{4};$$

cette dernière relation donne : $m = \pm 2$.

A $m = 2$ correspond $n = 1$.

Les valeurs de x correspondantes au maximum et au minimum sont données par la formule $x = my = 2y$. On a donc : $x_1 = -2$, $x_2 = \frac{1}{2}$.

Deuxième méthode. — Lorsque y est maximum ou minimum, on a : $y = \frac{2ax+b}{2a'x+b'} = \frac{x}{m}$, ce qui donne $\frac{x_1}{m} = -1$, $\frac{x_2}{m} = \frac{1}{4}$ et par conséquent $x_1 = -m \quad x_2 = \frac{m}{4}$.

Formons l'équation qui a pour racines x_1 et x_2. On a : $ab' - ba' = 2m$, $ac' - ca' = 3n$, $bc' - cb' = -2m$. Cette équation est donc :

$$mx^2 + 3nx - m = 0,$$

et l'on a :

$$x_1 + x_2 = -\frac{3n}{m} = -m + \frac{m}{4}, \quad x_1 x_2 = -1 = -\frac{m^2}{4}.$$

La dernière relation donne $m^2 = 4$, d'où $m = 2$, en rejetant la valeur négative $m = -2$. La première relation $\frac{3n}{m} = \frac{3m}{4}$ donne alors $n = 1$.

On a donc : $x_1 = -2$, $x_2 = \frac{1}{2}$.

IV. *Quelle valeur faut-il attribuer à* m *pour que la fraction* $y = \frac{x^2 - 6x + 5}{x^2 + 4x + m}$ *n'ait ni maximum ni minimum.*

(Baccalauréat classique, Lyon, 1897.)

Il faut et il suffit que le résultant R des deux termes de la fraction donnée soit nul ou négatif. C'est ce que nous allons exprimer :

$ab' - ba' = 10, ac' - ca' = m - 5, bc' - cb' = -6m - 20.$

$$R = (m-5)^2 + 10(6m+20) = m^2 + 50m + 225 < 0.$$

Les deux racines du trinôme sont $m' = -5$, $m'' = -45$. On peut donc attribuer à m toutes les valeurs appartenant à l'intervalle $(-45, -5)$.

V. *Etudier les variations de la fonction* $y = \dfrac{x^2 + 4x - a^2}{x^2 + 8x + a^2}$ *pour toutes les valeurs du paramètre* a^2.

(École navale, 1893.)

$ab' - ba'$ étant positif, la fonction est d'abord croissante. Donc si elle a deux limites, le maximum aura lieu avant le minimum, et si elle n'en a qu'une, cette limite sera un maximum.

A désignant le discriminant du dénominateur de la fraction et R le résultant des deux termes, les seuls cas possibles sont les suivants :

1. $A > 0$, $R < 0$, ni maximum ni minimum;
2. $A > 0$, $R > 0$, un maximum et un minimum relatifs;
3. $A = 0$, un maximum sans minimum;
4. $A < 0$, un maximum et un minimum absolus;
5. $R = 0$, ni maximum ni minimum.

Il faut donc chercher les valeurs de a^2 qui rendent A et R positifs, nuls, négatifs.

$A = 4(16 - a^2)$. Donc on aura : $A > 0$, $A = 0$, $A < 0$, en prenant respectivement : $a^2 < 16$, $a^2 = 16$, $a^2 > 16$.

$R = 4(a^2 - 12)a^2$. Donc on aura :

1° $R = 0$, si $a^2 = 0$, ou encore si $a^2 = 12$;
2° $R < 0$, si a^2 est compris entre 0 et 12;
3° $R > 0$, si $a^2 < 0$ ou si $a^2 > 12$.

Les valeurs remarquables de a^2 sont donc :

$-\infty$	0	12	16	$+\infty$
$A>0, R>0$	$A>0, R<0$	$A>0, R>0$	$A<0$	
	$R=0$	$R=0$	$A=0$	

Lorsqu'on a $A > 0$, $R > 0$, la fonction a deux limites et deux discontinuités ; lorsque $A = 0$, la fonction a une limite et une discontinuité. Cherchons si la première discontinuité a lieu avant ou après la première limite.

La fonction devient infinie lorsque la variable x est égale à l'une des racines de l'équation $x^2 + 8x + a^2 = 0$ (1). La fonction devient maximum ou minimum lorsque x est égal à l'une des racines de l'équation $x^2 + a^2x + 3a^2 = 0$ (2). La demi-somme des racines est -4 pour la première équation, et $-\dfrac{a^2}{2}$ pour la seconde. Si l'on veut $-\dfrac{a^2}{2} \lesseqgtr -4$, il faudra prendre $a^2 \gtreqless 8$. Donc la première limite de la fonction précède ou suit la première discontinuité selon qu'on aura $a^2 > 8$ ou $a^2 < 8$.

Il est maintenant facile de déterminer dans tous les cas la marche des variations de la fonction donnée. Soit $\alpha < \beta$ les deux racines réelles de l'équation (1), $x_1 < x_2$ celles de l'équation (2), y_1 et y_2 le maximum et le minimum de y, absolus ou relatifs.

1° $a^2 < 0$, $A > 0$, $R > 0$, y_1 maximum relatif, y_2 minimum relatif ; $\alpha < x_1$. Les variations de y sont ainsi indiquées :

x	$-\infty$	α	x_1	β	x_2	$+\infty$
y	1	$+\infty \mid -\infty$	y_1 (Maximum)	$-\infty \mid +\infty$	y_2 (Minimum)	1

2° $12 < a^2 < 16$, $A > 0$, $R > 0$, y_1 et y_2 maximum et minimum relatifs, $x_1 < \alpha$.

x	$-\infty$	x_1	α	x_2	β	$+\infty$
y	1	y_1 (Maximum)	$-\infty \mid +\infty$	y_2 (Minimum)	$+\infty \mid -\infty$	1

3° $0 < a^2 < 12$, $A > 0$, $R < 0$, ni maximum ni minimum.

x	$-\infty$	α	β	$+\infty$
y	1	$+\infty \mid -\infty$	$+\infty \mid -\infty$	1

Dans ces trois cas, la courbe de la fonction a six branches infinies et les trois asymptotes $y=1$, $x=\alpha$, $x=\beta$.

4° $a^2=16$, $A=0$, un maximum $=\frac{5}{4}$ sans minimum.

x	$-\infty$	-12	-4	$+\infty$
y	1	$\frac{5}{4}$ (Maximum)	$-\infty \mid -\infty$	1

La courbe a quatre branches infinies et deux asymptotes $y=1$, $x=-4$.

5° $a^2>16$, $A<0$, y_1 et y_2 maximum et minimum absolus.

x	$-\infty$	x_1	x_2	$+\infty$
y	1	y_1 (Maximum)	y_2 (Minimum)	1

Deux branches infinies et une asymptote $y=1$.

6° $a^2=0$, la fraction se réduit à $y=\frac{x+4}{x+8}$.

x	$-\infty$	-8	$+\infty$
y	1	$+\infty \mid -\infty$	1

Hyperbole ayant pour asymptotes $y=1$, $x=-8$.

7° $a^2=12$. Les deux termes de la fraction donnée ont une racine commune $x=-6$ et cette fraction se réduit à $y=\frac{x-2}{x+2}$.

x	$-\infty$	-2	$+\infty$
y	1	$+\infty \mid -\infty$	1

Hyperbole ayant pour asymptotes $y=1$, $x=-2$.

VI. *Un point* M *se meut sur la bissectrice de l'angle* A *du triangle donné* ABC. *Etudier les variations du rapport* $\frac{MB}{MC}$.

Soit $AM = x$, $\frac{MB}{MC} = y$, $b \gtrless c$. Les triangles AMB, AMC donnent :

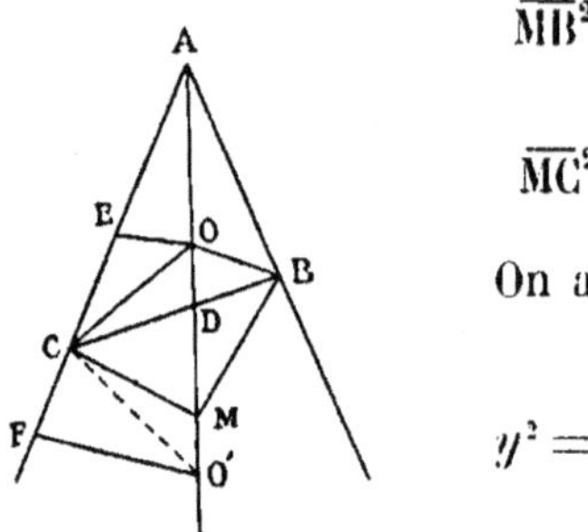

$$\overline{MB}^2 = x^2 + c^2 - 2cx \cos\frac{A}{2}$$

$$\overline{MC}^2 = x^2 + b^2 - 2bx \cos\frac{A}{2}$$

On a donc :

$$y^2 = \frac{x^2 - 2c\cos\frac{A}{2} \cdot x + c^2}{x^2 - 2b\cos\frac{A}{2} \cdot x + b^2} \qquad (1).$$

C'est le cas de $A < 0$; y^2 est donc une fonction continue ayant un maximum et un minimum absolus. On aura les valeurs de x correspondantes à ces deux limites en appliquant à la fraction (1) l'équation générale :

$$(ab' - ba')x^2 + 2(ac' - ca')x + (bc' - cb') = 0$$

qui donne ici l'équation :

$$\cos\frac{A}{2} x^2 - (b + c)x + bc\cos\frac{A}{2} = 0 \qquad (2).$$

D'où :

$$x = \frac{b + c \pm \sqrt{(b + c)^2 - 4bc\cos\frac{A}{2}}}{2\cos\frac{A}{2}}$$

En remarquant que :

$$(b + c)^2 - 4bc\cos\frac{A}{2} = (b + c)^2 - 2bc\left(1 + \cos\frac{A}{2}\right) =$$
$$= b^2 + c^2 - 2bc\cos A = a^2,$$

cette formule se réduit à :

$$x = \frac{b + c \pm a}{2\cos\frac{A}{2}}$$

D'où :

$$x_1 = \frac{b+c-a}{2\cos\frac{A}{2}} = \frac{p-a}{\cos\frac{A}{2}} \qquad x_2 = \frac{b+c+a}{2\cos\frac{A}{2}} = \frac{p}{\cos\frac{A}{2}}$$

x_1 est plus petit que x_2; donc si $b > c$, la fonction (1) est d'abord décroissante, le minimum a lieu lorsque $x = x_1 = \frac{p-a}{\cos\frac{A}{2}}$ et le maximum lorsque $x = x_2 = \frac{p}{\cos\frac{A}{2}}$. Au contraire si $b < c$, c'est x_1 qui correspond au maximum et x_2 au minimum.

D'ailleurs si $b = c$, on aurait $y = 1$ pour toute valeur de x, ce qui est évident *à priori*.

Soit $b > c$; on pourrait calculer le maximum et le minimum au moyen de l'équation $y = \frac{2ax+b}{2a'x+b'}$. Mais on obtient immédiatement ces deux limites en remarquant que si O et O′ sont les centres des cercles inscrit et ex-inscrit dans l'angle A, les triangles AEO, AFO′ rectangles en E et en F donnent, en remarquant que $AE = p - a$, et $AF = p$:

$$x_1 = \frac{p-a}{\cos\frac{A}{2}} = AO \qquad x_2 = \frac{p}{\cos\frac{A}{2}} = AO'$$

et, par conséquent,

$$y_1 = \frac{OB}{OC} = \frac{\sin\frac{C}{2}}{\sin\frac{B}{2}} \qquad y_2 = \frac{O'B}{O'C} = \frac{\cos\frac{C}{2}}{\cos\frac{B}{2}}$$

Donc si $b > c$, le minimum a lieu lorsque le point M est au centre du cercle inscrit, et le maximum lorsque M est au centre du cercle ex-inscrit. C'est l'inverse qui a lieu lorsque $b < c$.

On peut calculer la longueur de la bissectrice AD en

remplaçant dans l'équation (1) y^2 par $\frac{c^2}{b^2}$. On trouve

$$AO = \frac{bc\cos\frac{A}{2}}{b+c}.$$

TABLEAU DES VARIATIONS.

x	∞	$\frac{p-a}{\cos\frac{A}{2}} = AO$	$\frac{p}{\cos\frac{A}{2}} = AO'$	$+\infty$
y	1	$\frac{\sin\frac{C}{2}}{\sin\frac{B}{2}}$ Minimum si $b > c$ Maximum si $b < c$	$\frac{\cos\frac{C}{2}}{\cos\frac{B}{2}}$ Maximum si $b > c$ Minimum si $b < c$	1

VII. *On donne un triangle* ABC *et dans l'espace une droite indéfinie* X'AX *passant par* A *et faisant avec* AB *et* AC *les angles* β *et* γ. *Un point* M *se meut sur la droite.* X'AX. *Étudier les variations du rapport* $\frac{MB}{MC}$. — *Montrer que les positions remarquables du point* M *sont les points de rencontre de la droite* X'AX *avec la sphère qui a son centre sur cette droite et qui passe par les points* B *et* C.

(Saint-Cyr, 1893.)

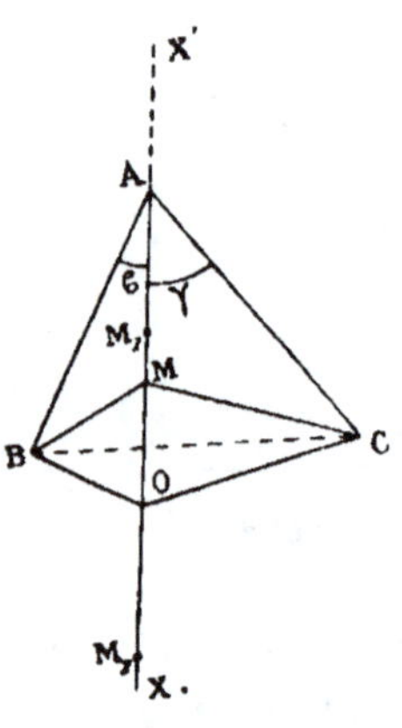

Soit :

$$AB = b,\ AC = c,\ AM = x,\ y = \frac{MB}{MC}.$$

Les triangles AMB, AMC donnent :

$$\overline{MB}^2 = x^2 + b^2 - 2bx\cos\beta$$

$$\overline{MC}^2 = x^2 + c^2 - 2cx\cos\gamma.$$

D'où :

$$y^2 = \frac{x^2 - 2b\cos\beta . x + b^2}{x^2 - 2c\cos\gamma . x + c^2} \qquad (1)$$

y étant positif varie dans le même sens que y^2. Les racines du dénominateur étant imaginaires, la fonction y est continue, elle a un maximum et un minimum absolus. Les valeurs de x correspondantes à ces deux limites s'obtiennent en appliquant à la fraction (1) l'équation générale :

$$(ab'-ba')x^2+2(ac'-ca')x+(bc'-cb)=0.$$

On a : $ab'-ba'=2(b\cos\beta-c\cos\gamma)$, $ac'-ca'=c^2-b^2$,

$$bc-cb'=2bc(b\cos\gamma-c\cos\beta).$$

D'où l'équation :

$$(b\cos\beta-c\cos\gamma)x^2-(b^2-c^2)x+bc(b\cos\gamma-c\cos\beta)==0 \quad (2).$$

On en déduit :

$$x=\frac{b^2-c^2}{2(b\cos\beta-c\cos\gamma)}\pm\sqrt{\left[\frac{b^2-c^2}{2(b\cos\beta-c\cos\gamma)}\right]^2-\frac{bc(b\cos\gamma-c\cos\beta)}{b\cos\beta-c\cos\gamma}} \quad (3)$$

Désignons ces deux racines par $x_1<x_2$. Il y a trois cas :

1° $b\cos\beta-c\cos\gamma>0$. La fonction y est d'abord croissante, x_1 répond au maximum et x_2 au minimum. Ce maximum et ce minimum se calculent au moyen de la formule générale $y=\frac{2ax+b}{2a'x+b'}$. Les variations simultanées de x et de y sont indiquées par le tableau suivant :

x	$-\infty$	x_1	$\frac{b^2-c^2}{2(b\cos\beta-c\cos\gamma)}$	x_2	$+\infty$
y	1	$\sqrt{\frac{x_1-b\cos\beta}{x_1-c\cos\gamma}}$ Maximum	1	$\sqrt{\frac{x_2-b\cos\beta}{x_2-c\cos\gamma}}$ Minimum	1

2° $b\cos\beta-c\cos\gamma<0$. La fonction y est d'abord décroissante, x_1 répond au minimum et x_2 au maximum.

3° $b\cos\beta-c\cos\gamma=0$, $b\cos\beta=c\cos\gamma$; (les points A et C se projettent au même point de AX, et la droite X'AX est perpendiculaire à BC). C'est le cas de $ab'-ba'=0$. Il y a, pour $x=b\cos\beta=c\cos\gamma$ un maximum si $b>c$; car on a alors $ca' - ac' > 0$, et un minimum si $b < c$. Ce maximum ou ce minimum est égal à $\frac{b \sin \beta}{c \sin \gamma}$.

Si $b = c$, et, par suite $\cos \beta = \cos \gamma$, la fonction y est constante et égale à 1, ce qui est évident *à priori*, les deux triangles MAB, MAC étant alors égaux quelle que soit la position du point M.

Positions remarquables du point M. — Soit M_1, M_2, ces positions déterminées par x_1 et x_2 et qui sont sur AX ou sur AX′, d'après les signes de x_1 et de x_2 ; il faut démontrer que le point O milieu de $M_1 M_2$ est le centre d'une sphère passant par les quatre points B, C, M_1, M_2, c'est-à-dire qu'on a : $OB = OC = OM_1$.

Lorsque le point M est en O, on a :

$$x = AO = \frac{AM_1 + AM_2}{2} = \frac{x_1 + x_2}{2} = \frac{b^2 - c^2}{2(b \cos \beta - c \cos \gamma)}$$

et l'on sait (26, 3°) qu'en remplaçant x par $\frac{x_1 + x_2}{2}$ dans la fraction donnée (1), les deux termes $\overline{OB}^2$ et $\overline{OC}^2$ deviennent égaux à :

$$\left[\frac{b^2 - c^2}{2(b \cos \beta - c \cos \gamma)}\right]^2 - \frac{bc(b \cos \gamma - c \cos \beta)}{b \cos \beta - c \cos \gamma} = \left(\frac{x_1 - x_2}{2}\right)^2 = \overline{OM_1}^2.$$

Donc $OB = OC = OM_1$, ce qu'il fallait démontrer.

Fraction bicarrée.

30. Variations de la fraction bicarrée :

$$y = \frac{ax^4 + bx^2 + c}{a'x^4 + b'x^2 + c'} \quad (1).$$

Fonction continue pour toute valeur de x qui n'annule pas le dénominateur. Elle est paire ; donc : 1° elle passe par un maximum ou un minimum égal à $\frac{c}{c'}$ lorsque $x = 0$; 2° il suffit d'étudier les variations de y dans l'intervalle $(-\infty, 0)$; en changeant ensuite le signe de chaque valeur de x et conservant la valeur correspondante de y, on aura les variations de y dans l'intervalle $(0, +\infty)$; 3° la courbe de la fonction est symétrique par rapport à l'axe des y.

Si $c' = 0$, on aura $\frac{c}{c'} = \infty$. Dans ce cas, lorsque $x = 0$, y passe par $+\infty$ ou par $-\infty$ en conservant son signe.

Soit $x^2 = z$, la fraction devient : $y = \frac{az^2 + bz + c}{a'z^2 + b'z + c'}$ (2); x croissant de $-\infty$ à 0, z décroît de ∞ à 0. On a donc à chercher les variations d'une fraction du second degré lorsque la variable z décroît de $+\infty$ à 0.

La fraction bicarrée peut donc avoir quatre discontinuités et cinq maximums ou minimums dont l'un est $\frac{c}{c'}$.

Le sens des premières variations est indiqué par le théorème suivant, conséquence immédiate de la remarque du n° 23 appliquée à la fraction y mise sous la forme (2).

Théorème. — *La fraction bicarrée est d'abord croissante ou décroissante selon que* $ab' - ba'$ *est négatif ou positif, ou selon que* $ca' - ac'$ *est positif ou négatif si* $ab' - ba' = 0$.

31. Applications.

I. *Variations de la fraction* $y = \frac{x^4 + 1}{x^2 + 1}$.

Fonction continue dans l'intervalle $(-\infty, +\infty)$. Soit $x^2 = z$. On a alors $y = \frac{z^2 + 1}{z + 1}$.

$ab' - ba' = 1$, $ac' - ca' = 1$, $bc' - cb' = -1$. D'où l'équation :

$$z^2 + 2z - 1 = 0$$

qui a pour racines : $z_1 = -1 + \sqrt{2}$, $z_2 = -1 - \sqrt{2}$.

Cette dernière étant négative doit être rejetée. A z_1 correspond $y_1 = \dfrac{2az_1 + b}{2a'z_1 + b'} = 2(-1 + \sqrt{2})$. Pour $z = 0$, on a $y = 1$.

$ab' - ba'$ étant positif, la fonction y est d'abord décroissante. Donc $y_1 = 2(-1 + \sqrt{2})$ est minimum et $y = 1$ est maximum.

Les variations de la fonction donnée sont donc ainsi indiquées.

x	$-\infty$	$-\sqrt{-1+\sqrt{2}}$	0	$\sqrt{-1+\sqrt{2}}$	$+\infty$
y	1	$2(-1+\sqrt{2})$ Minimum	1 Maximum	$2(-1+\sqrt{2})$ Minimum	1

II. *Variations de la fraction* $y = \dfrac{x^4 - 2x^2 + 1}{4x^4 - 5x^2 - 2}$.

Soit $x^2 = z$, on a alors $y = \dfrac{z^2 - 2z + 1}{4z^2 - 5z - 2}$.

1° *Discontinuités.* $4z^2 - 5z - 2 = 0$, donne $z = \dfrac{5 + \sqrt{57}}{8}$, en rejetant la solution négative. Donc deux discontinuités.

2° *Maximums et minimums.* $x = 0$ donne $y = -\dfrac{1}{2}$.

$$ab' - ba' = 3,\quad ac' - ca' = -6,\quad bc' - cb' = 9.$$

D'où l'équation :

$$z^2 - 4z + 3 = 0,$$

qui donne $z_1 = 3$, $z_2 = 1$.

Les valeurs correspondantes de y sont données par la formule $y = \dfrac{2az + b'}{2a'z + b'} = \dfrac{2z - 2}{8z - 5}$. On a ainsi $y_1 = \dfrac{4}{19}$, $y_2 = 0$.

$ab' - ba'$ étant positif, la fonction y est d'abord décroissante. Donc $\dfrac{4}{19}$ est minimum, 0 maximum, $-\dfrac{1}{2}$ minimum.

Variations simultanées de x *et de* y :

x	$-\infty$	$-\sqrt{3}$	$-\sqrt{\frac{5+\sqrt{57}}{8}}$	-1	0	-1	$\sqrt{\frac{5+\sqrt{57}}{8}}$	$\sqrt{3}$	$+\infty$
y	$\frac{1}{4}$	$\frac{4}{19}$	$+\infty \mid -\infty$	0	$-\frac{1}{2}$	0	$-\infty \mid +\infty$	$\frac{4}{19}$	$\frac{1}{4}$
		Min.		Max.	Min.	Max.		Min.	

III. *Variations de* $y = \frac{tg\, 3x}{tg^3\, x}$, x *croissant de* 0 *à* π.

(Baccalauréat ès sciences. Toulouse, 1884.)

On a :

$$\operatorname{tg} 3x = \operatorname{tg}(x+2x) = \frac{\operatorname{tg} x + \operatorname{tg} 2x}{1 - \operatorname{tg} x \operatorname{tg} 2x} = \frac{\operatorname{tg} x + \frac{2 \operatorname{tg} x}{1 - \operatorname{tg}^2 x}}{1 - \operatorname{tg} x . \frac{2 \operatorname{tg} x}{1 - \operatorname{tg}^2 x}}$$

$$= \frac{3 \operatorname{tg} x - \operatorname{tg}^3 x}{1 - 3 \operatorname{tg}^2 x}.$$

et, en divisant par $\operatorname{tg}^3 x$,

$$y = \frac{\operatorname{tg}^2 x - 3}{3 \operatorname{tg}^4 x - \operatorname{tg}^2 x} \quad (1).$$

L'arc x croissant de 0 à π, $\operatorname{tg} x$ croît de 0 à $+\infty$, saute à $-\infty$ et croît de $-\infty$ à 0. Nous avons donc à chercher les variations d'une fraction bicarrée, la variable $\operatorname{tg} x$ croissant de $-\infty$ à $+\infty$, et nous savons qu'il suffit d'étudier ces variations dans l'intervalle $(-\infty, 0)$.

En posant $\operatorname{tg}^2 x = z$, la fraction bicarrée se réduit à

$$y = \frac{z-3}{3z^2 - z}$$

fraction du second degré dont nous cherchons les variations dans l'intervalle $(+\infty, 0)$.

1° *Discontinuités.* L'équation $3z^2 - z = 0$ donne $z = 0$, $z = \frac{1}{3}$.

2° *Maximums et minimums.* $ab' - ba' = -3$, $ac' - ca' = 9$, $bc' - cb' = -3$. D'où l'équation $z^2 - 6z + 1 = 0$, dont les racines sont $z_1 = 3 + 2\sqrt{2}$, $z_2 = 3 - 2\sqrt{2}$.

Les valeurs correspondantes de y sont données par l'équation $y = \frac{2az+b}{2a'z+b'} = \frac{1}{6z-1}$. Pour $z_1 = 3+2\sqrt{2}$, on aura donc $y_1 = 17-12\sqrt{2}$, et pour $z_2 = 3-2\sqrt{2}$, on trouve $y_2 = 17+12\sqrt{2}$.

$ab'-ba'$ étant négatif, la fonction y est d'abord croissante, et le maximum a lieu avant le minimum. Donc ce maximum est $y_1 = 17-12\sqrt{2}$, et ce minimum, $y_2 = 17+12\sqrt{2}$; car $x_1 = -\sqrt{3+2\sqrt{2}}$ est plus petit que $x_2 = -\sqrt{3-2\sqrt{2}}$.

D'ailleurs $z=0$ donne $y=+\infty$.

Les variations simultanées de z et de y sont donc ainsi indiquées :

z	$+\infty$	$3+2\sqrt{2}$	$\frac{1}{3}$	$3-2\sqrt{2}$	0
y	0	$17-12\sqrt{2}$ Maximum	$-\infty \mid +\infty$	$17+12\sqrt{2}$ Minimum	$+\infty$

Variations simultanées de x, tang x et y.

x	tang x	y
0	0	$+\infty$
	$\sqrt{3-2\sqrt{2}}$	$17+12\sqrt{2}$ (Minimum)
	$\sqrt{\frac{1}{3}}$	$+\infty \mid -\infty$
	$\sqrt{3+2\sqrt{2}}$	$17-12\sqrt{2}$ (Maximum)
$\frac{\pi}{2}$	$+\infty \mid -\infty$	0 (Minimum)
	$-\sqrt{3+2\sqrt{2}}$	$17-12\sqrt{2}$ (Maximum)
	$-\sqrt{\frac{1}{3}}$	$-\infty \mid +\infty$
	$-\sqrt{3-2\sqrt{2}}$	$17+12\sqrt{2}$ (Minimum)
π	0	$+\infty$

NOTE SUR LA CONTINUITÉ

THÉORÈME DE CAUCHY. — *Si* f(x) *étant une fonction continue dans l'intervalle* (a, b), f(a) *et* f(b) *ont des signes contraires*, f(x) *s'annule pour une valeur de* x *comprise entre* a *et* b.

Soit $a < b$, $f(a) > 0$ et $f(b) < 0$. Remplaçons x successivement par les trois nombres en progression arithmétique croissante a, $\frac{a+b}{2}$, b(1); les trois valeurs correspondantes de la fonction sont $f(a)$, $f\left(\frac{a+b}{2}\right)$, $f(b)$. Si $f\left(\frac{a+b}{2}\right) = 0$, le théorème est démontré. Si $f\left(\frac{a+b}{2}\right)$ n'est pas nulle, on est certain que parmi ces trois valeurs de $f(x)$, il y en a deux consécutives dont la première est positive et la seconde négative; désignons-les par $f(a_1) > 0$ et $f(b_1) < 0$. Les deux valeurs correspondantes de x $(a_1 < b_1)$ étant deux termes consécutifs de la progression (1), on peut conclure que dans l'intervalle (a, b) se trouvent deux nombres $a_1 < b_1$ tels que l'on ait : $b_1 - a_1 = \frac{b-a}{2}$, $f(a_1) > 0$, $f(b_1) < 0$ si l'on n'a pas $f(a_1) = 0$ ou $f(b_1) = 0$.

On trouvera de même dans l'intervalle (a_1, b_1) deux nombres $a_2 < b_2$ tels que : $b_2 - a_2 = \frac{b_1 - a_1}{2} = \frac{b-a}{2^2}$, $f(a_2) > 0$, $f(b_2) < 0$ si l'on n'a pas $f(a_2) = 0$, ou $f(b_2) = 0$, et ainsi de suite.

Si l'un des deux nombres a_n, b_n que l'on trouve en continuant de la même manière annule $f(x)$, le théorème est démontré. Si $f(x)$ ne s'annule pour aucune de ces deux valeurs de x, considérons les deux suites de nombres obtenus :

$$a,\ a_1,\ a_2,\ a_3, \ldots\ldots\ldots\ldots a_n$$
$$b,\ b_1,\ b_2,\ b_3, \ldots\ldots\ldots\ldots b_n$$

Si n augmente indéfiniment, les nombres de la première suite ne vont jamais en décroissant et sont plus petits que b; donc ces nombres tendent vers une limite l. De même les nombres de la deuxième suite ne vont jamais en croissant et sont plus grands que a; donc ces nombres tendent vers une limite l'.

D'ailleurs $l' = l$; car $b_n - a_n = \frac{b-a}{2^n}$, et si n augmente indéfini-

ment, $\frac{b-a}{2^n}$ tend vers zéro puisque 2^n augmente indéfiniment. On a donc rigoureusement $l'-l=0$, et les deux suites ont une limite commune l.

Je dis maintenant que $f(l)=0$. En effet, le nombre l appartenant à l'intervalle (a, b), $f(x)$ est continue pour $x=l$ et tendra vers $f(l)$ si la variable x tend vers l d'après une loi quelconque. Donc, lorsque n augmente indéfiniment, a_n et b_n ayant alors pour limite commune le nombre l, $f(l)$ sera aussi la limite commune de $f(a_n)$ et de $f(b_n)$. D'ailleurs $f(a_n)$ ayant toujours une valeur positive, sa limite ne peut être que positive ou nulle; de même, $f(b_n)$ étant toujours négative, sa limite ne peut être que négative ou nulle. Il faut donc que l'on ait simultanément $f(l)\geq 0$, $f(l)\leq 0$. Donc $f(l)=0$, et le théorème est démontré.

Corollaire. — *Si* f(x) *étant continue dans l'intervalle* (a, b), C *est un nombre quelconque compris entre* f(a) *et* f(b), *il existe entre* a *et* b *un nombre* c *tel que* f(c) = C.

En effet, la fonction $\varphi(x)=f(x)-C$ est aussi continue dans l'intervalle (a, b), et les deux nombres $\varphi(a)$ et $\varphi(b)$ respectivement égaux à $f(a)-C$ et $f(b)-C$ ont des signes contraires, d'après l'hypothèse. Il y a donc entre a et b un nombre c tel que $\varphi(c)$ ou son égal $f(c)-C=0$. D'où $f(c)=C$.

On énonce cette propriété d'une manière abrégée, en disant qu'*une fonction continue ne peut passer d'une valeur à une autre sans passer par toutes les valeurs intermédiaires.*

TABLE DES MATIÈRES

	Pages
CHAPITRE PREMIER. — **Continuité des fonctions**	1
Fonctions entières	2
Fonctions fractionnaires	3
CHAPITRE II. — **Variations des fonctions**	6
Binôme du premier degré	8
Applications	9
Trinôme du second degré	10
Applications	14
Trinôme bicarré	17
Applications	21
Fraction du premier degré	24
Applications	26
Fraction rationnelle du second degré	29
Applications	47
Fraction bicarrée	58
Applications	59
Note sur la continuité	63

SAINT-CLOUD. — IMPRIMERIE BELIN FRÈRES.

www.ingramcontent.com/pod-product-compliance
Lightning Source LLC
LaVergne TN
LVHW020042170826
845678LV00001B/381

* 9 7 8 2 3 2 9 6 9 2 5 0 0 *